U0229516

电子技术基础
实验与实训教程

主　编　何召兰　张凯利
副主编　崔　阳　王宏昊

高等教育出版社·北京

内容提要

　　本书是按照高等学校电子技术实验和课程设计的教学要求,结合作者多年的实践教学经验和研究成果编写的。本书共7章,内容包括:常用电子仪器仪表简介及使用,电子元器件,模拟电子技术基础实验,数字电子技术基础实验,电子技术综合设计实验,焊接技术,电子工程实践。实验分为基础型、设计型和综合设计型3个层次,并且将三者有机结合贯穿到每一个实验项目中。实验项目中融入了编者多年的实验教学经验及注意事项。实训部分详细讲解了焊接工艺等基础知识,电子工程实践项目贴近于生活实际,便于学习者掌握和操作。实验中引入了 Multisim 和 Quartus Ⅱ 等先进的 EDA 技术,同时融入了编者自创的配套网络教学资源,做到了软、硬件的有机结合,纸质教材与线上资源的紧密结合。以这些实验、工程项目为载体,培养学生运用所学知识解决实际问题的能力,掌握科学研究与工程实践的基本方法,旨在提高学生的实践和创新能力。

　　本书可作为普通高等学校电气类、自动化类、电子信息类和计算机类等专业电子技术实验和电子实训的教材或教学参考书,也可作为工程技术人员的参考用书。

图书在版编目 （ＣＩＰ）数据

电子技术基础实验与实训教程 / 何召兰，张凯利主编 . -- 北京 ： 高等教育出版社，2017.12（2021.11重印）
ISBN 978-7-04-048838-8

Ⅰ. ①电… Ⅱ. ①何… ②张… Ⅲ. ①电子技术 - 实验 - 高等学校 - 教材 Ⅳ. ①TN-33

中国版本图书馆CIP数据核字(2017)第274896号

策划编辑	平庆庆	责任编辑	平庆庆	封面设计	张 楠	版式设计	马敬茹
插图绘制	杜晓丹	责任校对	刘娟娟	责任印制	刘思涵		

出版发行	高等教育出版社	网　　址	http://www.hep.edu.cn
社　　址	北京市西城区德外大街4号		http://www.hep.com.cn
邮政编码	100120	网上订购	http://www.hepmall.com.cn
印　　刷	中农印务有限公司		http://www.hepmall.com
开　　本	787 mm×960 mm　1/16		http://www.hepmall.cn
印　　张	14		
字　　数	260 千字	版　　次	2017 年12月第 1 版
购书热线	010-58581118	印　　次	2021年11月第 5 次印刷
咨询电话	400-810-0598	定　　价	26.60 元

本书如有缺页、倒页、脱页等质量问题，请到所购图书销售部门联系调换

前言

电子技术基础是理工类高等院校电类专业本科生重要的专业技术基础课，具有很强的实践性。本书是针对普通高等学校电气类、自动化类、电子信息类和其他相近专业本科学生的具体情况，按照电子技术实验和电子实训的教学要求，结合作者多年的实践教学改革成果和经验，本着"注重基础，精选内容，强化工程，启发创新"的原则编写的大众化本科生实验教材。主要特色有：

（1）实验内容循序渐进，由浅入深，由基本到综合。根据不同的教学目的和训练目标，按照基础型、设计型、综合型组织实验教学内容，三者有机结合，使得实验具有一定的层次性和完备性。实验项目主要包括实验目的、实验仪器设备、设计要求、实验内容、温馨提示及思考题等。本书将基础实验与设计实验有机结合，同一个实验也是按由浅入深，由基本到综合。部分实验增设了拓展实验和设计实验内容，提出实验目的及设计要求等，由学生独立完成电路的设计、元器件的选择及电路的安装与调试，自拟实验步骤和测试方法。这样可针对不同教学对象选择实验教学内容，有利于因材施教、提高学生的动手能力并强化学生的实践技能。

（2）模拟电子技术实验增设了一项在通用线路板上焊接单相桥式整流滤波电路的实验项目。通过基本焊接技术和实验技能的培训，既能培养学生的实践意识，又能为后续实验教学、课程设计和电子实习等打下良好基础。

（3）结合多年实验教学经验，针对实验中的常见问题和故障现象，给出了需要注意的温馨提示及排除故障的常规方法。

（4）增设了仿真实验，并将仿真与实际电路测试有机结合，学生先将所设计电路用 Multisim 仿真，选定元器件参数，正确无误后在实验箱上搭接电路，记录测试结果，与仿真结果进行比较，做到软、硬件有机结合。

（5）将 Multisim 和 Quartus Ⅱ 等 EDA 技术引入到基础实验和综合设计实验中。同时教材中包含多个综合应用课题以供不同专业选用，某些课题提供了多种设计方法，如加法器的设计包括基本门电路设计方法、中规模集成电路设计方法和 Verilog-HDL 语言设计方法。这些设计方法各有特点，不同专业可根据设计要求进行选择。

（6）综合设计性实验是模拟电子技术和数字电子技术基本实验的扩展，更注重应用性和实用性。学生综合运用电子技术课程中所学到的理论知识，结合设计任务要求适当自学某些新知识,独立完成一个电子电路的综合设计。部分实验设计给出了单元电路,供学生进行实验与测试。

(7) 电子实训内容充实、贴近生活、实用性强。包括基本焊接技术和电子工程实践两部分。引导学生快速认识焊接工具、焊接材料及其使用等,掌握基本焊接技术。电子工程实例从小型到较大系统,从简单到复杂,课题提供设计任务与要求、设计要点及设计内容等,学生根据给定要求自行设计具体电路,选择元器件及参数,安装调试并测试。部分实例给出了详尽的电路原理图、元器件参数、工作原理及调试方法等。

(8) 增加了实验视频,丰富了教材内容,实现了纸质教材和线上资源的紧密结合,读者可通过扫描书中二维码的方式观看实验视频。

由于编者水平所限,书中不妥和错误之处在所难免,恳请广大读者给予批评指正。

编者
于 2017 年 3 月

目录

第1章
常用电子仪器仪表简介及使用

1.1 数字万用表

1.1.1 数字万用表的结构和工作原理

数字万用表主要由液晶显示屏、模拟(A)/数字(D)转换器、电子计数器、转换开关等组成。其测量过程如图1.1.1所示。被测模拟量先由A/D转换器转换成数字量,然后通过电子计数器计数,最后把测量结果用数字直接显示在显示屏上。目前,教学、科研领域使用的数字万用表大都以ICL7106、7107大规模集成电路为主芯片。该芯片内部包含双斜积分A/D转换器、显示锁存器、七段译码器、显示驱动器等。双斜积分A/D转换器的基本工作原理是在一个测量周期内用同一个积分器进行两次积分,将被测电压U_X转换成与其成正比的时间间隔,在此间隔内填充标准频率的时钟脉冲,用仪器记录的脉冲个数来反映U_X的值。

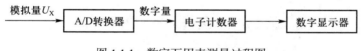

图1.1.1 数字万用表测量过程图

1.1.2 VC98系列数字万用表操作面板简介

扫一扫:
数字万用表
面板功能介
绍

VC98系列数字万用表具有$3\frac{1}{2}$(1999)位自动极性显示功能。该表以双斜积分A/D转换器为核心,采用26 mm字高液晶(LCD)显示屏,可用来测量交直流电压、交直流电流、电阻、电容、二极管、三极管、通断测试、温度及频率等参数。图1.1.2为VC98(01A⁺)系列数字万用表操作面板。

①—LCD液晶显示屏:显示仪表测量的数值及单位。

②—POWER(电源)开关:用于开启、关闭万用表电源。

③—B/L(背光)开关:开启及关闭背光灯。按下"B/L"开关,背光灯亮,再次按下,背光取消。

④—旋钮开关:用于选择测量功能及量程。

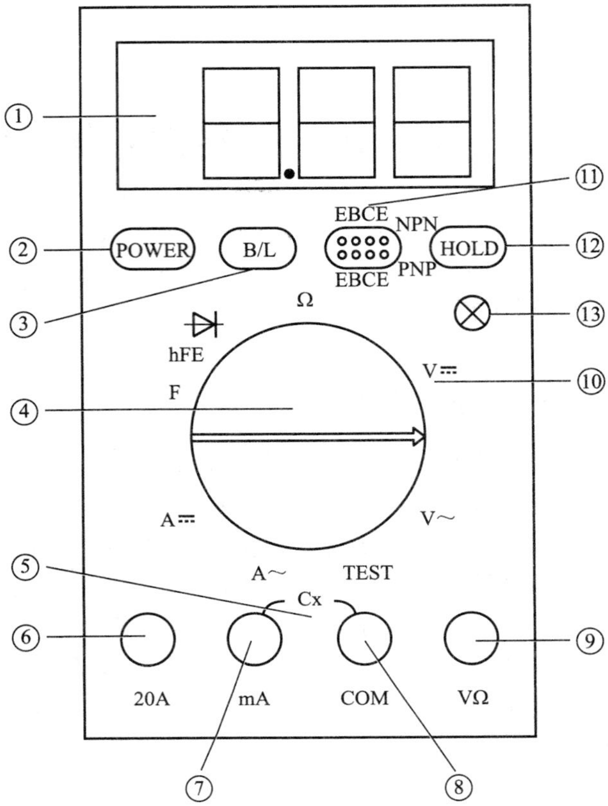

图 1.1.2　VC98(01A$^+$)系列数字万用表操作面板

⑤ —C_X(电容)测量插孔:用于放置被测电容。

⑥ —20 A 电流测量插孔:当被测电流大于 200 mA 而小于 20 A 时,应将红表笔插入此孔。

⑦ —mA 电流测量插孔:当被测电流小于 200mA 时,应将红表笔插入此孔。

⑧ —COM(公共地):测量时插入黑表笔。

⑨ —V(电压)/Ω(电阻)测量插孔:测量电压 / 电阻时插入红表笔。

⑩ —刻度盘:"Ω"为电阻测量挡位;"DCV"为直流电压测量挡位;"ACV"为交流电压测量挡位;"DCA"为直流电流测量挡位;"ACA"为交流电流测量挡位;"F"为电容测量挡位;"hFE"为三极管 β 值测量挡位;"TEST"为单相交流电压火线测试挡位;"⊳|"为二极管及线路通断测试挡位,测试二极管时,近似显示二极管的正向压降值,导通电阻 $<70\ \Omega$ 时,内置蜂鸣器响。

⑪ —hFE 测试插孔:用于放置被测三极管,以测量其 β 值。

⑫ —HOLD(保持)开关:按下此开关,当前所测量数据被保持在液晶显示屏

上并出现符号 $\boxed{\text{H}}$，再次按下此开关，退出保持功能状态，符号 $\boxed{\text{H}}$ 消失。

⑬——三相交流电相序测试指示灯。

1.1.3　VC98 系列数字万用表的使用方法

1. 直流、交流电压的测量

（1）黑表笔插入"COM"插孔，红表笔插入"V/Ω"插孔；

（2）将旋钮开关转至"DCV"（直流电压）或"ACV"（交流电压）相应的量程挡；

（3）将表笔并接在被测电路上，其电压值和红表笔所接点电压的极性将显示在显示屏上。

扫一扫：
数字万用表
测量导线及
二极管通断
的方法

2. 直流、交流电流的测量

（1）黑表笔插入"COM"插孔，红表笔插入"200 mA"或"20 A"插孔；

（2）将旋钮开关转至"DCA"（直流电流）或"ACA"（交流电流）相应的量程挡；

（3）将仪表串接在被测电路中，被测电流值及红表笔点的电流极性将显示在显示屏上。

3. 电阻的测量

（1）黑表笔插入"COM"插孔，红表笔插入"V/Ω"插孔；

（2）将旋钮开关转至"Ω"（电阻）相应的量程挡；

（3）将测试表笔并接在被测电阻上，被测电阻值将显示在显示屏上。

扫一扫：
数字万用表
测量三极管

4. 电容的测量

将旋钮开关转至"F"（电容）相应的量程挡，被测电容插入 C_x（电容）插孔，其值将显示在显示屏上。

5. 三极管 hFE 的测量

（1）将旋钮开关置于 hFE 挡；

（2）根据被测三极管的类型（NPN 或 PNP），将发射极 e、基极 b、集电极 c 分别插入相应的插孔，被测三极管的 hFE 值将显示在显示屏上。

扫一扫：
数字万用表
测量电流电
压

6. 二极管及通断测试

（1）红表笔插入"V/Ω"孔（注意：数字万用表红表笔为表内电池正极；指针万用表则相反，红表笔为表内电池负极），黑表笔插入"COM"孔。

（2）旋钮开关置于"⊶"（二极管/蜂鸣）符号挡，红表笔接二极管正极，黑表笔接二极管负极，显示值为二极管正向压降的近似值（0.55~0.70 V 为硅管；0.15~0.30 V 为锗管）。

（3）测量二极管正、反向压降时，只有最高位显示"1"（超量限），则二极管开路；若正、反向压降均显示"0"，则二极管击穿或短路。

（4）将表笔连接到被测电路两点，如果内置蜂鸣器发声，则两点之间电阻值低于 70 Ω，电路通，否则电路为断路。

1.1.4 VC98 系列数字万用表使用注意事项

① 测量电压时,输入直流电压切勿超过 1 000 V,交流电压有效值切勿超过 700 V。

② 测量电流时,不应超出该量程下最大电流值 20 A。

③ 被测直流电压高于 36 V 或交流电压有效值高于 25 V 时,应仔细检查表笔是否可靠接触、连接是否正确、绝缘是否良好等,以防触电。

④ 测量时应选择正确的功能和量程,谨防误操作;切换功能和量程时,表笔应离开测试点;显示值的"单位"与相应量程挡的"单位"一致。

⑤ 若测量前不知被测量的范围,应先将量程开关置到最高挡,再根据显示值调到合适的挡位。

⑥ 测量时若只有最高位显示"1"或"–1",表示被测量超过了量程范围,应将量程开关转至较高的挡位。

⑦ 在线测量电阻时,应确认被测电路所有电源已关断且所有电容都已完全放完电。若被测电阻与其他支路相连,则测量显示值可能不代表被测电阻之值。

⑧ 用"200 Ω"量程时,应先将表笔短路测引线电阻,然后在实测值中减去所测的引线电阻;用"200 MΩ"量程时,将表笔短路,仪表将显示 1.0 MΩ,属正常现象,不影响测量精度,实测时应减去该值。

⑨ 测电容前,应对被测电容进行充分放电;用大电容挡测漏电或击穿电容时读数将不稳定;测电解电容时,应注意正、负极,切勿插错。

⑩ 显示屏显示 ⊡ 符号时,应及时更换 9 V 碱性电池,以减小测量误差。

思考题

① 用万用表"⇥"挡对二极管进行正、反向测试时,其显示值是什么? 用"Ω"挡对二极管进行正、反向测试时,其显示值又是什么?

② 能否用万用表测量频率为 10 kHz 的正弦信号的有效值?

1.2 交流毫伏表

交流毫伏表是电工、电子实验中用来测量交流电压有效值的常用电子测量仪器。其优点是:测量电压范围广、频率宽、输入阻抗高、灵敏度高等。交流毫伏表种类很多,现以 AS2294D 型交流毫伏表为例介绍其结构特点、测量方法及使用注意事项等。

1.2.1 AS2294D 型交流毫伏表的结构特点及面板介绍

AS2294D 型双通道交流毫伏表由两组性能相同的集成电路及晶体管放大电路和表头指示电路组成,如图 1.2.1 所示。其表头采用同轴双指针式电表,可进行双路交流电压的同时测量和比较,"同步 / 异步"操作使立体声双通道测量更为方便。该表测量电压范围 30 μV~300 V 共 13 挡;测量电压频率范围 5 Hz~2 MHz;测量电平范围 –90 dBV~+50 dBV 和 –90 dBm~+52 dBm。

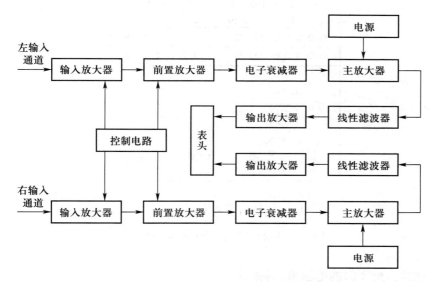

图 1.2.1　AS2294D 型交流毫伏表组成及工作原理框图

AS2294D 型双通道交流毫伏表前后面板如图 1.2.2 所示。

①、② —左通道(L IN)、右通道(R IN)输入插座:输入被测交流电压。

③、④ —左通道(L CH)、右通道(R CH)量程调节旋钮。

⑤ — "同步 / 异步"按键:"SYNC"即橘红色灯亮,同步调整状态。旋转左右两个量程调节旋钮中的任意一个,另一个的量程也跟随同步改变;"ASYN"即绿灯亮,异步状态。转动量程调节旋钮,只改变相应通道的量程。

⑥ —电源开关:按下,仪器电源接通(ON);弹起,仪器电源被切断(OFF)。

⑦、⑧ —左通道(L IN)、右通道(R IN)量程指示灯:指示灯所亮位置对应的量程为该通道当前所选量程。

⑨ —电压 / 电平量程挡:共 13 挡。

⑩ —表刻度盘:共 4 条刻度线,由上到下分别是 0~1、0~3、–20~0 dB、–20~+2 dBm。测量电压时,若所选量程是 10 的倍数,读数看 0~1 即第一条刻度线;若所选量程是 3 的倍数,读数看 0~3 即第二条刻度线。当前所选量程均指指针

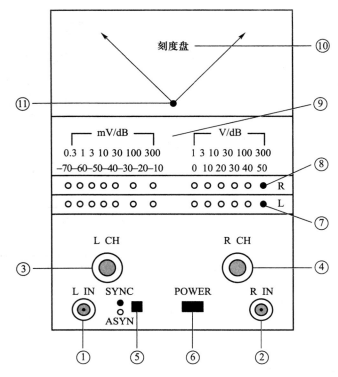

图 1.2.2　AS2294D 型交流毫伏表前后面板图

从 0 达到满刻度时的电压值,具体每一大格及每一小格所代表的电压值应根据所选量程确定。

⑪ —红色指针:指示右通道(R IN)输入交流电压的有效值;黑色指针:指示左通道(L IN)输入交流电压的有效值。

⑫ —FLOAT(浮置)/GND(接地)开关,设置在仪器后面板。

⑬ —信号输出插座。

1.2.2　AS2294D 型交流毫伏表的测量方法和浮置功能的应用

1. 交流电压的测量

AS2294D 型交流毫伏表实际上是两个独立的电压表,因此它可作为两个单独的电压表使用。测量时,先将被测电压正确地接入所选输入通道,然后根据所选通道的量程开关及表针指示位置读取被测电压值。

2. 异步状态测量

当被测的两个电压值相差较大,如测量放大电路的电压放大倍数或增益时,可将仪器置于异步状态进行测量,测量方法如图 1.2.3 所示。按下"同步／异步"键使"ASYN"灯亮,将被测放大电路的输入信号 u_i 和输出信号 u_o 分别接到左右通道的输入端,从两个不同的量程开关和表针指示的电压值或 dB 值,就可算出(或直接读出)放大电路的电压放大倍数(或增益)。

如输入左通道(L IN)的指示值 u_i=10 mV(–40 dB),输出右通道(R IN)的指示值 u_o=0.5 V(–6 dB),则电压放大倍数 $A_u = u_o(0.5 \times 10^3 \text{ mV})/u_i(10 \text{ mV})$=50;直接读取的电压增益 dB 值为:–6 dB–(–40 dB)=34 dB。

3. 同步状态测量

同步状态测量适用于测量立体声录放磁头的灵敏度、录放前置均衡电路及功率放大电路等。由于两路电压表的性能、量程相同,因此可直接读出两个被测声道的不平衡度,测量方法如图 1.2.4 所示。将"同步/异步"键置于同步状态,即"SYNC"灯亮,分别接入 L、R 立体声的左右放大器,如性能相同(平衡),红黑表针应重合,如不重合,则可读出不平衡度的 dB 值。

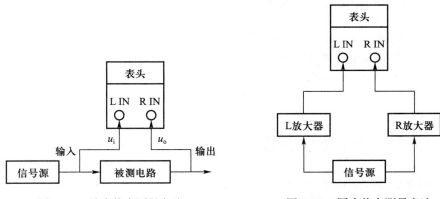

图 1.2.3　异步状态测量方法　　　　图 1.2.4　同步状态测量方法

4. 浮置功能的应用

(1)在测量差分放大电路双端输出电压时,电路的两个输出端都不能接地,否则会引起测量结果不准,此时可将后面板上的浮置/接地开关上扳,采用浮置方式测量。

(2)某些需要防止地线干扰的放大器或带有直流电压输出的端子及元器件两端电压的在线测量等均可采用浮置方式测量以免公共接地带来干扰或短路。

(3)在音频信号传输中,有时需要平衡传输,此时测量其电平时,应采用浮置方式测量。

1.2.3　AS2294D 型交流毫伏表使用注意事项

① 测量时仪器应垂直放置即仪器表面应垂直于桌面。

② 所测交流电压中的直流分量不得大于 100 V。

③ 测量 30 V 以上电压时,应注意安全。小于 1 mV 时应注意外界干扰影响。

④ 接通电源及转换量程开关时,由于电容放电过程,指针有晃动现象,待指针稳定后方可读数。

⑤ 测量时应根据被测量大小选择合适的量程,一般应取被测量的 1.2~2 倍,使指针偏转 1/2 以上。在无法预知被测量大小的情况下先用大量程挡,然后逐渐减小量程至合适挡位。

⑥ 毫伏表属不平衡式仪表且灵敏度很高,测量时黑夹子必须牢固接被测电路的"公共地",与其他仪器连用时还应正确"共地",红夹子接测试点。接拆电路时注意顺序,测试时先接黑夹子,后接红夹子,测量完毕,应先拆红夹子,后拆黑夹子。

⑦ 仪器应避免剧烈振动,周围不应有高热及强磁场干扰。

⑧ 仪器面板上的开关不应剧烈、频繁扳动,以免造成人为损坏。

思考题
① 举例说明怎样读取毫伏表刻度盘上指示的电压值?
② 总结交流毫伏表在使用时应注意的问题。

1.3　函数信号发生器

函数信号发生器是用来产生不同形状、不同频率波形的仪器。实验中常用作信号源,信号的波形、频率和幅度等可通过开关和旋钮进行调节。函数信号发生器有模拟式和数字式两种。

1.3.1　模拟式函数信号发生器的组成和工作原理

SP1641B 型函数信号发生器 / 计数器属模拟式,它不仅能输出正弦波、三角波、方波等基本波形,还能输出锯齿波、脉冲波等多种非对称波形。此外,还具有 TTL 电平信号及 CMOS 电平信号输出和外测频功能等。结构框图如图 1.3.1 所示。

整机电路由一片单片机 CPU 进行管理,其主要任务是:控制函数信号发生器产生的频率及输出信号的波形;测量输出信号或外部输入信号的频率并显示;测量输出信号的幅度并显示。单片专用集成电路 MAX038 的使用,确保了函数信号发生器能够产生多种函数信号。宽频带直流功放电路确保了函数信号发生器的带负载能力。

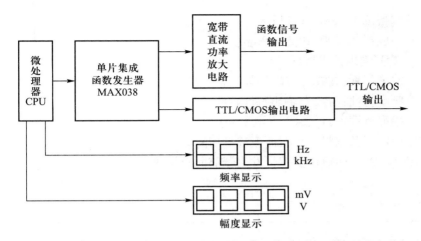

图 1.3.1　SP1641B 型函数信号发生器 / 计数器的结构框图

1.3.2　数字式 DDS 函数信号发生器

　　DDS 函数信号发生器采用现代数字合成技术,它完全没有振荡器元件,而是利用直接数字合成技术,由函数计算值产生一连串数据流,再经数模转换器输出一个预先设定的模拟信号。其优点是:输出波形精度高、失真小;信号相位和幅度连续无畸变;在输出频率范围内不需设置频段,频率扫描可无间隙地连续覆盖全部频率范围等。现以 TFG6020 型 DDS 函数信号发生器为例,说明数字函数信号发生器的使用方法。

　　1. DDS 函数信号发生器技术指标

　　TFG6020 型 DDS 函数信号发生器具有双路输出、调幅输出、门控输出、猝发计数输出、频率扫描和幅度扫描等功能。其主要技术指标如下:

　　(1) A 路输出技术指标

　　① 波形种类:正弦波、方波。

　　② 频率范围:30 mHz~3 MHz;分辨率为 30 mHz。

　　③ 幅度范围:100 mVpp~20 Vpp(高阻);分辨率为 80 mVpp;输出阻抗为 50 Ω。手动衰减,衰减范围为 0~70 dB(10 dB、20 dB、40 dB 三挡);步进 10 dB。

　　④ 调制特性:调制信号,内部 B 路 4 种波形(正弦波、方波、三角波、锯齿波),频率 100 Hz~3 kHz;幅度调制(ASK),载波幅度和跳变幅度任意设定;频率调制(FSK),载波频率和跳变频率任意设定。一般而言,调制信号的幅度应小于载波信号的幅度。

　　(2) B 路输出技术指标

　　① 波形种类:正弦波、方波、三角波、锯齿波。

② 频率范围:100 Hz~3 kHz。

③ 幅度范围:300 mVpp~8 Vpp(高阻)。

(3) TTL 输出技术指标

① 波形特性:方波,上升 / 下降时间 <20 ns。

② 频率特性:与 A 路输出特性相同。

③ 幅度特性:TTL 兼容,低电平 <0.3 V;高电平 >4 V。

2. DDS 函数信号发生器面板键盘功能

TFG6020 型 DDS 函数信号发生器前面板如图 1.3.2 所示。

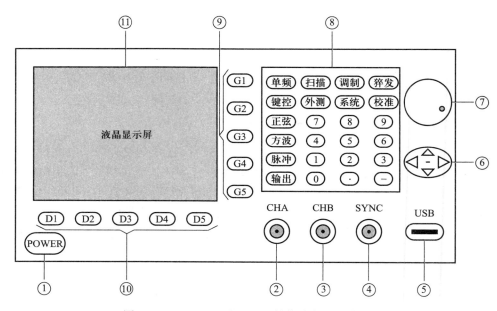

图 1.3.2　TFG6020 型 DDS 函数信号发生器前面板

按键都是按下释放后才有效,各按键功能如下:

①—电源按键 POWER。

②、③、④—通道 A(CHA)、通道 B(CHB)、同步(SYNC)输出端。

⑤—USB 接口。

⑥—方向键:双功能键,一般情况下作为光标左右移动键,只有在"扫描"功能时作为加、减步进键和手动扫描键。

⑦—调节旋钮:调节输入的数据。

⑧—功能选择键、数字输入键:【单频】【扫描】【调制】【猝发】【键控】键,分别用来选择仪器的十种功能;【外测】键,用来选择频率计数功能;【系统】【校准】键,用来进行系统设置及参数校准;【正弦】【方波】【脉冲】键,用来选择 A

10

路波形;【输出】键,用来开关 A 路或 B 路输出信号。

⑨—选项按键。

⑩—电压、频率、周期单位选择键。

⑪—液晶显示屏:显示输出波形及相应参量。

3. DDS 函数信号发生器使用方法

按下电源开关,显示屏先显示"欢迎使用"及一串数字,然后进入默认的"常规"功能输出状态,显示出当前 A 路输出波形为"正弦",频率为"1 000.00 Hz"。

(1) 数据输入方式:该仪器的数据输入方式有三种。

① 数字键输入:用 0~9 十个数字键及小数点键向显示区写入数据。数据写入后应按相应的单位键(【MHz】、【kHz】、【Hz】或【mHz】)予以确认。此时数据开始生效,信号发生器按照新写入的参数输出信号。如设置 A 路正弦波频率为 2.7kHz,其按键顺序是:【2】→【.】→【7】→【kHz】。

数字键输入法可使输入数据一次到位,因而适合于输入已知的数据。

② 步进键输入:实际使用中有时需要得到一组几个或几十个等间隔的频率值或幅度值,如果用数字键输入法,就必须反复使用数字键和单位键。为了简化操作,可以使用步进键输入方法,将【功能】键选择为"扫描",把频率间隔设定为步长频率值,此后每按一次【∧】键,频率增加一个步长值,每按一次【∨】键,频率减小一个步长值,且数据改变后即可生效,不需再按单位键。

如设置间隔为 12.84 kHz 的一系列频率值,其按键顺序是:先按【功能】键选"扫描",再按【项目】键选"步长频率",依次按【1】、【2】、【.】、【8】、【4】、【kHz】,此后连续按【∧】或【∨】键,就可得到一系列间隔为 12.84kHz 的递增或递减频率值。

注意:步进键输入法只能在项目选择为"频率"或"幅度"时使用。

步进键输入法适合于一系列等间隔数据的输入。

③ 调节旋钮输入:按位移键【<】或【>】,使三角形光标左移或右移并指向显示屏上的某一数字,向右或左转动调节旋钮,光标指示位数字连续加 1 或减 1,并能向高位进位或借位。调节旋钮输入时,数字改变后即刻生效。当不需要使用调节旋钮输入时,按位移键【<】或【>】使光标消失,转动调节旋钮就不再生效。

调节旋钮输入法适合于对已输入数据进行局部修改或需要输入连续变化的数据进行搜索观测。

(2) "常规"功能的使用

仪器开机后为"常规"功能,显示 A 路波形(正弦或方波),否则可按【功能】键选择"常规",仪器便进入"常规"状态。

① 频率 / 周期的设定:

按【频率】键可以进行频率设定。在"A 路频率"时用数字键或调节旋钮

扫一扫:
信号发生器
输出信号调
节方法

11

输入频率值,此时在"输出 A"端口即有该频率的信号输出。例如:设定频率值为 3.5 kHz,按键顺序为:【频率】→【3】→【.】→【5】→【kHz】。

频率也可用周期值进行显示和输入。若当前显示为频率,按【选通】键,即可显示出当前周期值,用数字键或调节旋钮输入周期值。例如:设定周期值 25 ms,按键顺序是:【频率】→【选通】→【2】→【5】→【ms】。

② 幅度的设定:

按【幅度】键可以进行幅度设定。在"A 路幅度"时用数字键或调节旋钮输入幅度值,此时在"输出 A"端口即有该幅度的信号输出。例如:设定幅度为 3.2V,按键顺序是:【幅度】→【3】→【.】→【2】→【V】。

幅度的输入和显示可以使用有效值(VRMS)或峰峰值(VPP),当项目选择为幅度时,按【选通】键可对两种显示格式进行循环转换。

③ 输出波形选择:

如果当前选择为 A 路,按【快键】→【0】,输出为正弦波;按【快键】→【1】,输出为方波。

方波占空比设定:若当前显示为 A 路方波,可按【快键】→【5】,显示出方波占空比的百分数,用数字键或调节旋钮输入占空比值,"输出 A"端口即有该占空比的方波信号输出。

(3)"扫描"功能的使用

① "频率"扫描

按【功能】键选择"扫描",如果当前显示为频率,则进入"频率"扫描状态,可设置扫描参数,并进行扫描。

设定扫描始点 / 终点频率:按【项目】键,选"始点频率",用数字键或调节旋钮设定始点频率值;按【项目】键,选"终点频率",用数字键或调节旋钮设定终点频率值。

注意:终点频率值必须大于始点频率值。

设定扫描步长:按【项目】键,选"步长频率",用数字键或调节旋钮设定步长频率值。扫描步长小,扫描点多,测量精细,反之则测量粗糙。

设定扫描间隔时间:按【项目】键,选"间隔",用数字键或调节旋钮设定间隔时间值。

设定扫描方式:按【项目】键,选"方式",有以下 4 种扫描方式可供选择。按【0】,选择为"正扫描方式"(扫描从始点频率开始,每步增加一个步长值,到达终点频率后,再返回始点频率重复扫描过程);按【1】,选择为"逆扫描方式"(扫描从终点频率开始,每步减小一个步长值,到达始点频率后,再返回终点频率重复扫描过程);按【2】,选择为"单次正扫描方式"(扫描从始点频率开始,每步增加一个步长值,到达终点频率后,扫描停止。每按一次【选通】键,扫描过程进行一次);按【3】,选择为"往返扫描方式"(扫描从始点频率开始,每步增加一个步长值,到达终点频率后,改为每步减小一个步长值扫描至始点频率,如此往返重复扫描过程)。

扫描启动和停止:扫描参数设定后,按【选通】键,显示出"F SWEEP",表示频率扫描功能已启动,按任意键可使扫描停止。扫描停止后,输出信号便保持在停止时的状态不再改变。无论扫描过程是否正在进行,按【选通】键都可使扫描过程重新启动。

手动扫描:扫描过程停止后,可用步进键进行手动扫描,每按 1 次【∧】键,频率增加一个步长值,每按 1 次【∨】键,频率减小一个步长值,这样可逐点观察扫描过程的细节变化。

② "幅度"扫描

在"扫描"功能下按【幅度】键,显示出当前幅度值。设定幅度扫描参数(如始点幅度,终点幅度,步长幅度,间隔时间,扫描方式等),其方法与频率扫描类同。按【选通】键,显示出"A SWEEP"表示幅度扫描功能已启动。按任意键可使扫描过程停止。

(4)"调幅"功能的使用

按【功能】键,选择"调幅","输出 A"端口即有幅度调制信号输出。A 路为载波信号,B 路为调制信号。

① 设定调制信号的频率:按【项目】键选择"B 路频率",显示出 B 路调制信号的频率,用数字键或调节旋钮可设定调制信号的频率。调制信号的频率应与载波信号频率相适应,一般情况下调制信号的频率应是载波信号频率的十分之一。

② 设定调制信号的幅度:按【项目】键选择"B 路幅度",显示出 B 路调制信号的幅度,用数字键或调节旋钮设定调制信号的幅度。调制信号的幅度越大,幅度调制深度就越大。(注意:调制深度还与载波信号的幅度有关,载波信号的幅度越大,调制深度就越小,因此,可通过改变载波信号的幅度来调整调制深度)。

扫一扫:
信号发生器
与示波器综
合使用方法

③ 外部调制信号的输入:从仪器后面板"调制输入"端口可引入外部调制信号。外部调制信号的幅度应根据调制深度的要求来调整。使用外部调制信号时,应将"B 路频率"设定为 0,以关闭内部调制信号。

(5) 出错显示功能

由于各种原因使得仪器不能正常运行时,显示屏将会有出错显示:EOP* 或 EOU* 等。EOP* 为操作方法错误显示,例如显示 EOP1,提示您只有在频率和幅度时才能使用【∧】、【∨】键;EOP3,提示您在正弦波时不能输入脉宽;EOP5,提示您"扫描"、"键控"方式只能在频率和幅度时才能触发启动等。EOU* 为超限出错显示,即输入的数据超过了仪器所允许的范围,如显示 EOU1,提示您扫描始点值不能大于终点值;EOU2,提示您频率或周期为 0 不能互换;EOU3,输入数据中含有非数字字符或输入数据超过允许值范围等。

思考题

    ① 如何用数字键输入法设置幅度为 320mVpp 的正弦波信号？怎样将其转换为有效值？转换后的数值是多少？

    ② 如何将 A 路输出峰峰值为 2V 的方波的占空比设置为 30%？

1.4　示波器

1.4.1　模拟示波器的组成和工作原理

    模拟示波器结构框图如图 1.4.1 所示。它由垂直系统控制电路(Y 轴信号通道)、水平扫描系统控制电路(X 轴信号通道)、示波管控制电路、电源等组成。

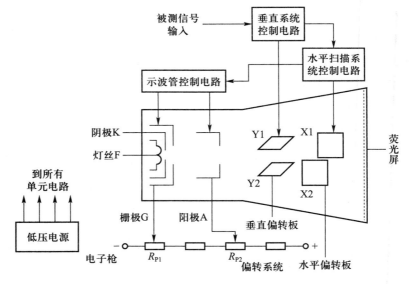

图 1.4.1　模拟示波器结构框图

    1. 示波管的结构和工作原理

    (1) 示波管的结构

    示波管是用以将被测电信号转变为光信号而显示出来的一个光电转换件,它主要由电子枪、偏转系统和荧光屏三部分组成,如图 1.4.1 所示。

① 电子枪　电子枪由灯丝 F、阴极 K、栅极 G、阳极 A 组成。阴极 K 是一个表面涂有氧化物的金属圆筒,灯丝 F 装在圆筒内部,灯丝通电后加热阴极,使其发热并发射电子,经栅极 G 顶端的小孔、阳极 A 汇聚成可控的电子束冲击荧光屏使之发光。栅极 G 套在阴极外面,其电位比阴极低,对阴极发射出的电子起控制作用。调节栅极电位可以控制射向荧光屏的电子流密度。栅极电位较高时,绝大多数初速度较大的电子通过栅极顶端的小孔奔向荧光屏,只有少量初速度较小的电子返回阴极,电子流密度大,荧光屏上显示的波形较亮;反之,电子流密度小,荧光屏上显示的波形较暗。当栅极电位足够低时,电子会全部返回阴极,荧光屏上不显示光点。调节电阻 R_{P1},即“辉度”调节旋钮,就可改变栅极电位,也即改变显示波形的亮度。

阳极 A 的电位远高于阴极,G、A 构成电子束控制系统。调节 R_{P2}(“聚焦”调节旋钮),即阳极的电位,可使发射出来的电子形成一条高速且聚集成细束的射线,冲击到荧光屏上会聚成细小的亮点,以保证显示波形的清晰度。

② 偏转系统　偏转系统由水平(X 轴)偏转板和垂直(Y 轴)偏转板组成。两对偏转板相互垂直,每对偏转板相互平行,其上加有偏转电压,形成各自的电场。电子束从电子枪射出之后,依次从两对偏转板之间穿过,受电场力作用,电子束产生偏移。其中,垂直偏转板控制电子束沿垂直(Y)轴方向上下运动,水平偏转板控制电子束沿水平(X)轴方向运动,形成信号轨迹并通过荧光屏显示出来。例如,只在垂直偏转板上加一直流电压,如果上板正,下板负,电子束在荧光屏上的光点就会向上偏移;反之,光点就会向下偏移。可见,光点偏移的方向取决于偏转板上所加电压的极性,而偏移的距离则与偏转板上所加的电压成正比。示波器上的“X 位移”和“Y 位移”旋钮就是用来调节偏转板上所加的电压值,以改变荧光屏上光点(波形)的位置。

③ 荧光屏　荧光屏内壁涂有荧光物质,形成荧光膜。荧光膜在受到电子冲击后能将电子的动能转化为光能形成光点。当电子束随信号电压偏转时,光点的移动轨迹就形成了信号波形。

(2) 波形显示原理

电子束的偏转量与加在偏转板上的电压成正比。将被测正弦电压加到垂直(Y 轴)偏转板上,通过测量偏转量的大小就可以测出被测电压值。但由于水平(X 轴)偏转板上没有加偏转电压,电子束只会沿 Y 轴方向上下垂直移动,光点重合成一条竖线,无法观察到波形的变化过程。为了观察被测电压的变化过程,就要同时在水平(X 轴)偏转板上加一个与时间呈线性关系的周期性的锯齿波。电子束在锯齿波电压作用下沿 X 轴方向匀速移动即“扫描”。在垂直(Y 轴)和水平(X 轴)两个偏转板的共同作用下,电子束在荧光屏上显示出波形的变化过程,如图 1.4.2 所示。

水平偏转板上所加的锯齿波电压称为扫描电压。当被测信号的周期与扫描电压的周期相等时,荧光屏上只显示一个正弦波。当扫描电压的周期是被测电压周期的整数倍时,荧光屏上将显示多个正弦波。示波器上的"扫描时间"旋钮就是用来调节扫描电压周期的。

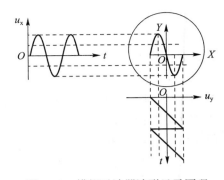

图 1.4.2　模拟示波器波形显示原理

2. 水平系统

水平系统由触发系统、扫描电路、水平放大器等组成,主要作用是:产生锯齿波扫描电压并保持与 Y 通道输入被测信号同步,放大扫描电压或外触发信号。

(1) 触发系统

"触发源耦合"方式开关:用于选择触发信号通过何种耦合方式送到触发输入放大器。"AC"为交流耦合,用于观察低频到较高频率的信号;"DC"为直流耦合,用于观察直流或缓慢变化的信号。

示波器上的触发极性选择开关和触发电平旋钮,用来控制波形的起始点并使显示的波形稳定。

(2) 扫描电路

扫描电路主要用来产生线性锯齿波。

(3) 水平放大器

水平放大器的作用是进行锯齿波信号的放大,使电子束产生水平偏转。"水平位移"旋钮:用来调节水平放大器输出的直流电平,以使荧光屏上显示的波形水平移动。

3. 垂直系统

垂直系统由输入耦合选择器、衰减器、垂直放大器等组成,主要作用是将被测信号送到垂直偏转板,以再现被测信号的真实波形。

(1) 输入耦合选择器

选择被测信号进入示波器垂直通道的耦合方式。"AC"(交流耦合),只允许输入信号的交流成分进入示波器,用于观察交流和不含直流成分的信号;"DC"(直流耦合),输入信号的交、直流成分都允许通过,适用于观察含直流成分的信号或频率较低的交流信号以及脉冲信号;"GND"(接地),输入信号通道被断开,示波器荧光屏上显示的扫描基线为零电平线。

(2) 衰减器

衰减器用来衰减大输入信号的幅度,以保证垂直放大器输出不失真。示波器上的"垂直灵敏度"开关即为该衰减器的调节旋钮。

（3）垂直放大器

垂直放大器为波形幅度的微调部分,其作用是与衰减器配合,将显示的波形调到适宜于人观察的幅度。

1.4.2　模拟示波器的正确调整与操作

1. 正确选择触发源和触发方式

触发源的选择:如果观测的是单通道信号,就应选择该通道信号作为触发源;如果同时观测两个时间相关的信号,则应选择信号周期长的通道作为触发源。

2. 正确选择输入耦合方式

根据被观测信号的性质来选择正确的输入耦合方式。一般情况下,被观测的信号为直流或脉冲信号时,应选择"DC"耦合方式;被观测的信号为交流时,应选择"AC"耦合方式。

3. 合理调整扫描速度

调节扫描速度旋钮,可以改变荧光屏上显示波形的个数。提高扫描速度,显示的波形少;降低扫描速度,显示的波形多。显示的波形不应过多,以保证时间测量的精度。

4. 波形位置和几何尺寸的调整

观测信号时,波形应尽可能处于荧光屏的中心位置,以获得较好的测量线性。正确调整垂直衰减旋钮,尽可能使波形幅度占一半以上,以提高电压测量的精度。

1.4.3　数字示波器

数字示波器不仅具有多重波形显示、分析和数学运算功能,波形、设置和位图文件存储功能,自动光标跟踪测量功能,波形录制和回放功能等,还支持即插即用 USB 存储设备和打印机,并可通过 USB 存储设备进行软件升级等。

1. DS1000 系列数字示波器操作面板简介

数字示波器前面板各通道标志、旋钮和按键的位置及操作方法与传统示波器类似。现以 DS1000 系列数字示波器为例予以说明。

DS1000 系列数字示波器前操作面板如图 1.4.3 所示。按功能前面板可分为8 大区,即液晶显示区、功能菜单操作区、常用菜单区、执行按键区、垂直控制区、水平控制区、触发控制区、信号输入 / 输出区等。图 1.4.3 中面板各键编号如下:

①—电源按键。

②、③、④—通道 1（CH1）、通道 2（CH2）、外触发（EXT TRIG）输入端。

⑤—基准方波信号输出端。

扫一扫:
数字示波器
面板功能介
绍

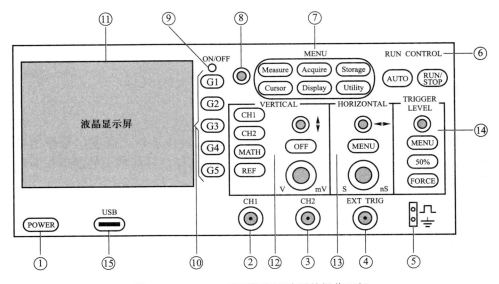

图 1.4.3　DS1000 系列数字示波器前操作面板

⑥—执行按键区。

⑦—常用菜单区。

⑧—多功能按钮。

⑨—取消屏幕功能菜单按钮。

⑩—功能菜单操作键。

⑪—液晶显示屏。

⑫—垂直控制系统。

⑬—水平控制系统。

⑭—触发控制系统。

⑮—USB 接口。

　　功能菜单操作区有 5 个按键、1 个多功能旋钮和 1 个按钮。5 个按键用于操作屏幕右侧的功能菜单及子菜单;多功能旋钮用于选择和确认功能菜单中下拉菜单的选项等;按钮用于取消屏幕上显示的功能菜单。

　　(1) 前面板常用菜单区如图 1.4.4 所示。按下任一按键,屏幕右侧会出现相应的功能菜单。通过功能菜单操作区的 5 个按键可选定功能菜单的选项。功能菜单选项中有"◁"符号的,标明该选项有下拉菜单。下拉菜单打开后,可转动多功能旋钮(↻)选择相应的项目并按下予以确认。功能菜单上、下有"↑"、"↓"符号,表明功能菜单一页未显示完,可操作按键上、下翻页。功能菜单中有↻,表明该项参数可转动多功能旋钮进行设置调整。按下取消功能菜单按钮,显示屏上的功能菜单立即消失。

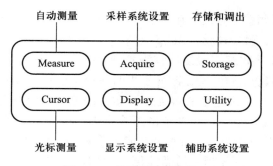

图 1.4.4 前面板常用菜单区

（2）执行按键区有 AUTO（自动设置）和 RUN/STOP（运行 / 停止）2 个按键。按下 AUTO 按键，示波器将根据输入的信号，自动设置和调整垂直、水平及触发方式等各项控制值，使波形显示达到最佳适宜观察状态，如需要，还可进行手动调整；RUN/STOP 键为运行 / 停止波形采样按键。运行（波形采样）状态时，按键为黄色；按一下按键，停止波形采样且按键变为红色，有利于绘制波形并可在一定范围内调整波形的垂直衰减和水平时基，再按一下，恢复波形采样状态。注意：应用自动设置功能时，要求被测信号的频率大于或等于 50 Hz，占空比大于 1%。

（3）垂直系统操作区如图 1.4.5 所示。垂直位置⊛POSITION 旋钮可设置所选通道波形的垂直显示位置。转动该旋钮不但显示的波形会上下移动，且所选通道的"地"（GND）标识也会随波形上下移动并显示于屏幕左状态栏，移动值则显示于屏幕左下方；按下垂直⊛POSITION 旋钮，垂直显示位置快速恢复到零点（即显示屏水平中心位置）处。垂直衰减⊛SCALE 旋钮调整所选通道波形的显示幅度。转动该旋钮改变"Volt/div（伏 / 格）"垂直挡位，同时下状态栏对应通道显示的幅值也会发生变化。CH1、CH2、MATH、REF 为通道或方式按键，按下某按键屏幕将显示其功能菜单、标志、波形和挡位状态等信息。OFF 键用于关闭当前选择的通道。

（4）水平系统操作区如图 1.4.6 所示，主要用于设置水平时基。水平位置

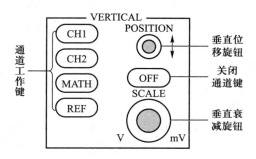

图 1.4.5 垂直系统操作区

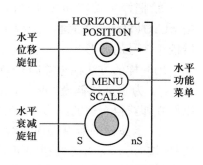

图 1.4.6 水平系统操作区

⊛POSITION 旋钮调整信号波形在显示屏上的水平位置,转动该旋钮不但波形随旋钮而水平移动,且触发位移标志"▌"也在显示屏上部随之移动,移动值则显示在屏幕左下角;按下此旋钮触发位移恢复到水平零点(即显示屏垂直中心线位置)处。水平衰减⊛SCALE 旋钮改变水平时基挡位设置,转动该旋钮改变"s/div(秒/格)"水平挡位,下状态栏 Time 后显示的主时基值也会发生相应的变化。水平扫描速度从 20 ns~50 s,以 1-2-5 的形式步进。按动水平⊛SCALE 旋钮可快速打开或关闭延迟扫描功能。按水平功能菜单 MENU 键,显示 TIME 功能菜单,在此菜单下,可开启/关闭延迟扫描,切换 Y(电压)-T(时间)、X(电压)-Y(电压)和 ROLL(滚动)模式,设置水平触发位移复位等。

触发系统操作区如图 1.4.7 所示,主要用于触发系统的设置。转动⊛LEVEL 触发电平设置旋钮,屏幕上会出现一条上下移动的水平黑色触发线及触发标志,且左下角和上状态栏最右端触发电平的数值也随之发生变化。停止转动⊛LEVEL 旋钮,触发线、触发标志及左下角触发电平的数值会在约 5 s后消失。按下⊛LEVEL 旋钮触发电平快速恢复到零点。按 MENU 键可调出触发功能菜单,改变触发设置。50% 按钮,设定触发电平在触发信号幅值的垂直中点。按 FORCE 键,强制产生一触发信号,主要用于触发方式中的"普通"和"单次"模式。

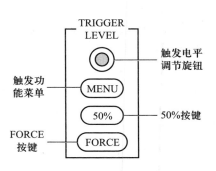

图 1.4.7　触发系统操作区

2. 数字示波器使用要领和注意事项

(1) 信号接入方法。以 CH1 通道为例介绍信号接入方法。

① 将探头上的开关设定为 10X,将探头连接器上的插槽对准 CH1 插口并插入,然后向右旋转拧紧。

② 设定示波器探头衰减系数。

③ 把探头端部和接地夹接到函数信号发生器或示波器校正信号输出端。按 AUTO(自动设置)键,几秒钟后,在波形显示区即可看到输入函数信号或示波器校正信号的波形。

用同样的方法检查并向 CH2 通道接入信号。

(2) 为了加速调整,便于测量,当被测信号接入通道时,可直接按 AUTO 键以便立即获得合适的波形显示和挡位设置等。

(3) 示波器的所有操作只对当前选定(打开)通道有效。通道选定(打开)方法是:按 CH1 或 CH2 按钮即可选定(打开)相应通道,并且下状态栏的通道标志变为黑底。关闭通道的方法是:按 OFF 键或再次按下通道按钮,当前选定通道即被关闭。

（4）数字示波器的操作方法类似于操作计算机,其操作分为三个层次。第一层:按下前面板上的功能键即进入不同的功能菜单或直接获得特定的功能应用;第二层:通过 5 个功能菜单操作键选定屏幕右侧对应的功能项目或打开子菜单或转动多功能旋钮 ↻ 调整项目参数;第三层:转动多功能旋钮 ↻ 选择下拉菜单中的项目并按下 ↻ 对所选项目予以确认。

（5）使用时应熟悉并通过观察上、下、左状态栏来确定示波器设置的变化和状态。

3. 数字示波器的高级应用

（1）触发方式

触发方式有三种:自动、普通和单次。

① 自动:自动触发方式下,示波器即使没有检测到触发条件也能采样波形。示波器在一定等待时间（该时间由时基设置决定）内没有触发条件发生时,将进行强制触发。当强制触发无效时,示波器虽显示波形,但不能使波形同步,即显示的波形不稳定。当有效触发发生时,显示的波形将稳定。

② 普通:普通触发方式下,示波器只有当触发条件满足时才能采样到波形。在没有触发时,示波器将显示原有波形而等待触发。

③ 单次:在单次触发方式下,按一次"运行"按钮,示波器等待触发,当示波器检测到一次触发时,采样并显示一个波形,然后采样停止。

（2）存储和调出功能

在常用 MENU 控制区按 Storage 键,弹出存储与调出功能菜单,如图 1.4.8 所示。通过该菜单及相应的下拉菜单和子菜单可对示波器内部存储区和 USB 存储设备上的波形和设置文件等进行保存、调出、删除操作,操作的文件名称支持中、英文输入。

图 1.4.8　存储与调出功能菜单

存储类型选择"波形存储"时,其文件格式为 wfm,只能在示波器中打开;存储类型选择"位图存储"和"CSV 存储"时,还可以选择是否以同一文件名保存示波器参数文件(文本文件),"位图存储"文件格式是 bmp,可用图片软件在计算机中打开,"CSV 存储"文件为表格,Excel 可打开,并可用其"图表导向"工具转换成需要的图形。

"外部存储"只有在 USB 存储设备插入时,才能被激活进行存储文件的各种操作。

(3) 辅助系统功能的高级应用

常用 MENU 控制区的 UTILITY 为辅助系统功能按键。在 UTILITY 按键弹出的功能菜单中,可以进行接口设置、打印设置、屏幕保护设置等,可以打开或关闭示波器按键声、频率计等,可以选择显示的语言文字、波特率值等,还可以进行波形的录制与回放等。

(4) 自动测量功能

在常用 MENU 控制区按 Measure(自动测量)键,弹出自动测量功能菜单,如图 1.4.9 所示。其中电压测量参数有:峰峰值(波形最高点至最低点的电压值)、最大值(波形最高点至 GND 的电压值)、幅值(波形顶端至底端的电压值)、平均值(1 个周期内信号的平均幅值)、均方根值(有效值)等 10 种;时间测量有频率、周期、上升时间(波形幅度从 10% 上升至 90% 所经历的时间)、下降时间、正脉宽(正脉冲在 50% 幅度时的脉冲宽度)、负脉宽、延迟 1→2↑(通道 1、2 相对于上升沿的延时)、延迟 1→2↓、正占空比(正脉宽与周期的比值)、负占空比等 10 种。

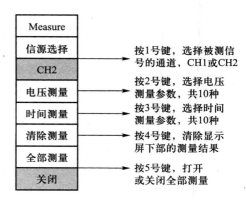

图 1.4.9　自动测量功能菜单

自动测量操作方法如下:

① 选择被测信号通道:根据信号输入通道不同,选择 CH1 或 CH2。按键顺序为:MEASURE →信源选择→ CH1 或 CH2。

② 获得全部测量数值:按键顺序为:MEASURE →信源选择→ CH1 或 CH2 →"5 号"菜单操作键,设置"全部测量"为打开状态。18 种测量参数值显示于屏幕下方。

③ 选择参数测量:按键顺序为:MEASURE →信源选择→ CH1 或 CH2 →"2 号"或"3 号"菜单操作键选择测量类型,转↻旋钮查找下拉菜单中感兴趣的参数并按下↻旋钮予以确认,所选参数的测量结果将显示在屏幕下方。

④ 清除测量数值:在 MEASURE 菜单下,按 4 号功能菜单操作键选择**清除**

测量。此时,屏幕下方所有测量值即消失。

4. 数字示波器测量实例

用数字示波器进行任何测量前,都先要将 CH1、CH2 探头菜单衰减系数和探头上的开关衰减系数设置一致。

例如:观测电路中一未知信号,显示并测量信号的频率和峰峰值。其方法和步骤如下:

(1)正确捕捉并显示信号波形

① 将 CH1 或 CH2 的探头连接到电路被测点。

② 按 AUTO 键,示波器将自动设置使波形显示达到最佳。在此基础上,可以进一步调节垂直、水平挡位,直至波形显示符合要求。

(2)进行自动测量

通常可对待测信号进行自动测量。现以测量信号的频率和峰峰值为例。

① 测量峰峰值

按 MEASURE 键以显示自动测量功能菜单→按 1 号功能菜单操作键选择信源 CH1 或 CH2 →按 2 号功能菜单操作键选择测量类型为**电压测量**,并转动多功能旋钮 ↻ 在下拉菜单中**选择峰峰值**,按下 ↻。此时,屏幕下方会显示出被测信号的峰峰值。

② 测量频率

按 3 号功能菜单操作键,选择测量类型为**时间测量**,转动多功能旋钮 ↻ 在时间测量下拉菜单中选择**频率**,按下 ↻。此时,屏幕下方峰峰值后会显示出被测信号的频率。

测量过程中,当被测信号变化时测量结果也会跟随改变。当信号变化太大,波形不能正常显示时,可再次按 AUTO 键,搜索波形至最佳显示状态。测量参数等于"※※※※",表示被测通道关闭或信号过大示波器未采集到,此时应打开关闭的通道或按下 AUTO 键采集信号到示波器。

扫一扫:
数字示波器
测量信号波
形

扫一扫:
数字示波器
测量电参数
的基本方法

思考题

① 简述模拟示波器的基本工作原理。

② 简述示波器水平系统的主要作用。

③ AUTO(自动)和 RUN/STOP(运行 / 停止)按钮的作用分别是什么?

④ 怎样测量信号电压的峰 – 峰值和有效值?怎样测量信号的频率?

1.5　直流稳定电源

直流稳定电源包括恒压源和恒流源。恒压源的作用是提供可调直流电压,其伏安特性十分接近理想电压源;恒流源的作用是提供可调直流电流,其伏安特性十分接近理想电流源。直流稳定电源的种类和型号很多,有独立制作的恒压源和恒流源,也有将两者制成一体的直流稳定电源,但它们的一般功能和使用方法大致相同。现以 HY 系列双路可调直流稳定电源为例介绍其工作原理和使用方法。

1.5.1　直流稳定电源的基本组成和工作原理

HY 系列双路可调直流稳定电源采用开关型和线性串联双重调节,具有输出电压和电流连续可调,稳压和稳流自动转换,自动限流,短路保护和自动恢复供电等功能。双路电源可通过前面板开关实现两路电源独立供电、串联跟踪供电、并联供电三种工作方式。其结构和工作原理框图如图 1.5.1 所示。它主要由变压器、交流电压转换电路、整流滤波电路、调整电路、输出滤波器、取样电路、CV 比较电路、CC 比较电路、基准电压电路、数码显示电路和供电电路等组成。

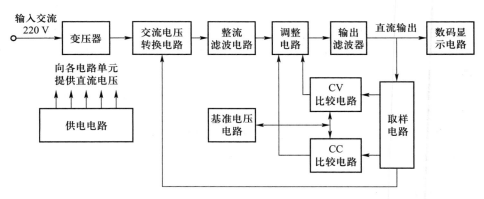

图 1.5.1　HY 系列直流稳定电源结构和工作原理框图

① 变压器:其作用是将 220 V 的交流市电转变成多规格交流低电压。

② 交流电压转换电路:该电路主要由运算放大器组成模 / 数转换控制电路。其作用是将电源输出电压经模 / 数转换器转换成不同数码,通过驱动电路控制继电器动作,达到自动换挡的目的。及时调整送入整流滤波电路的输入电压,以保证电源输出电压大范围变化时,调整管两端电压值始终保持在最合理的范围内。

③ 整流滤波电路:将交流低电压进行整流和滤波,将其变成脉动很小的直

流电。

④ 调整电路:该电路为串联线性调整器。其作用是通过比较放大器控制调整管,使输出电压/电流稳定。

⑤ 输出滤波器:其作用是将输出电路中的交流分量进行滤波。

⑥ 取样电路:对电源输出的电压和电流进行取样,并反馈给 CV 比较电路、CC 比较电路、交流电压转换电路等。

⑦ CV 比较电路:该电路可以预置输出电流,当输出电流小于预置电流时,电路处于稳压状态,CV 比较放大器处于控制优先状态。当输入电压或负载变化时,输出电压发生相应变化,此变化经取样电阻输入到比较放大器、基准电压比较放大器等电路,并控制调整管,使输出电压回到原来的数值,达到输出电压恒定的效果。

⑧ CC 比较电路:当负载变化输出电流大于预置电流时,CC 比较电路处于控制优先状态,对调整管起控制作用。当负载增加使输出电流增大时,比较电阻上的电压降增大,CC 比较电路输出低电平,使调整管电流趋于原来值,恒定在预置的电流上,达到输出电流恒定的效果,以保护电源和负载。

⑨ 基准电压电路:提供基准电压。

⑩ 数码显示电路:将输出电压或电流进行模/数转换并显示出来。

⑪ 供电电路:为仪器的各部分电路提供直流电压。

1.5.2 直流稳定电源的操作面板简介及使用方法

HY 系列双路直流稳定电源输出电压为 0~30 V,输出电流为 0~2 A,输出电压/电流从零到额定值均连续可调。电压/电流值采用 $3\frac{1}{2}$ 位 LED 数字显示,并通过开关切换电压/电流显示。HY(1711)系列双路直流稳定电源操作面板如图 1.5.2 所示。两路电源的开关和旋钮对称布置,左右路按键、旋钮功能相同,其功能如下:

① —电源开关:按下为开机(ON),弹出为关机(OFF)。

② —左、右路电源输出端:共五个接线端,分别为左右路电源输出正(+),电源输出负(−)和接地端(GND)。接地端与机壳、电源输入地线连接。

③ —左路电压/电流输出切换开关:按下此开关输出电流,弹出则输出电压。

④ —独立、跟踪按键:按下此开关工作在跟踪模式,输出可实现串联或并联;弹出则工作在独立模式下,可实现双路输出。

⑤ —电压调节旋钮。

⑥ —电流调节旋钮。

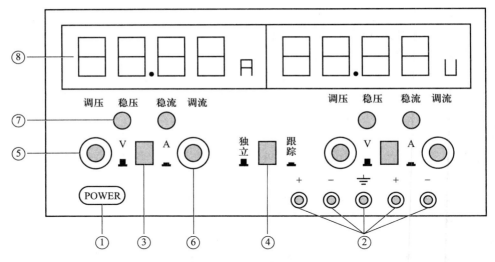

图 1.5.2　HY(1711)系列双路直流稳定电源操作面板

⑦—电压、电流输出指示灯。

⑧—数码显示屏:左路 LED 电压 / 电流显示窗,显示数值大小及单位。

1.5.3　直流稳定电源的使用方法

1. 双路电源独立使用方法

(1) 将按键④设置在独立工作状态。

(2) 恒压输出调节:将电流调节旋钮顺时针方向调至最大,电压 / 电流显示开关置于电压显示状态(弹起▄),通过电压调节将输出电压调至所需电压值,稳压指示灯常亮,此时直流稳定电源工作于恒压状态。如果负载电流超过电源最大输出电流,稳流指示灯亮,则电源自动进入恒流(限流)状态,随着负载电流的增大,输出电压会下降。

(3) 恒流输出调节:按下电压 / 电流显示开关,将其置于电流输出状态(▄)。逆时针转动电压调节旋钮至最小。调节输出电流调节旋钮至所需电流值,再将电压调节旋钮调至最大,接上负载,电流指示灯亮。此时直流稳定电源工作于恒流状态,恒流输出电流为调节值。

2. 双路电源串联(两路电压跟踪)使用方法

按下从动(左)路电源工作状态控制开关即▄位,弹起主动(右)路电源工作状态控制开关即▄位。顺时针方向转动两路电流调节旋钮至最大。调节主动(右)路电压调节旋钮,从动(左)路输出电压将完全跟踪主动路输出电压变化,其输出电压为两路输出电压之和即主动路输出正端(+)与从动路输出负端(−)之间电压值。最高输出电压为两路额定输出电压之和。

当两路电源串联使用时,两路的电流调节仍然是独立的,如从动路电流调节不在最大,而在某限流值上,当负载电流大于该限流值时,则从动路工作于限流状态,不再跟踪主动路的调节。

3. 两路电源并联使用方法

主(右)、从(左)动路电源工作状态控制开关均按下即━位,从动(左)路电源工作状态指示灯稳流指示灯亮。此时,两路输出处于并联状态,调节主动路电压调节旋钮即可调节输出电压。

当两路电源并联使用时,电流由主动路电流调节旋钮调节,其输出最大电流为两路额定电流之和。

4. HY 系列双路直流稳定电源使用注意事项

(1) 两路输出负(−)端与接地(GND)端不应有连接片,否则会引起电源短路。

(2) 连接负载前,应调节电流调节旋钮使输出电流大于负载电流值,以有效保护负载。

思考题

① 掌握 HY 系列双路直流稳定电源的使用方法和注意事项。

② 熟悉 HY 系列双路直流稳定电源操作面板上各旋钮和按键的作用,并调节输出 +12 V 与 −12 V 两路稳定电压。

第 2 章
电子元器件

电子元器件是构成电子电路的基本材料,熟悉各种电子元器件的性能及其测试方法,了解其用途对完成电子电路的设计、安装和调试十分重要。

电阻器、电位器、电容器、二极管、三极管、集成运放是电子电路中应用最多的元件。

2.1 电阻器

电阻器简称电阻,它是电子电路中应用最为广泛的元件之一。其在电路中的作用是调节电路的电压、电流、分压、分流、阻容滤波和作为负载,是耗能元件。电阻器用符号 R 表示。电阻值的基本单位为欧[姆],简称欧(Ω)。

2.1.1 电阻器的分类

电阻器的种类很多,按制作材料和工艺划分,电阻器可分为碳膜电阻、金属膜电阻、合成膜电阻、氧化膜电阻、实心电阻、金属线绕电阻、光敏电阻、热敏电阻、压敏电阻等。

1. 碳膜电阻器

碳膜电阻器阻值稳定性好、噪声低、阻值范围较宽、价格较便宜,是中国目前生产量最大,用途最广的通用电阻器。它既可制成小至几欧的低值电阻器,也能制成几十兆欧的高值电阻器。在 –77~+40 ℃的环境温度中,可按 100% 的额定功率使用。

2. 金属膜电阻器与金属氧化膜电阻器

金属膜电阻器外形和结构与碳膜电阻器相似。它是以金属膜作导电层,表面涂以红色或棕色保护漆。金属膜电阻器的性能比碳膜电阻器好,它不仅精密度高、稳定性好、阻值范围宽、噪声低,而且耐热性能好,在同样的功率条件下,体积只有碳膜电阻器的一半左右。可在 –77~+70 ℃的环境温度中,按 100% 的额定功率使用。

3. 线绕电阻器

线绕电阻器是用镍铬丝或锰铜丝、康铜丝绕在瓷管上制成的,分固定式和可调式两种。外表涂以釉或酚醛作为保护层,颜色有黑色和棕色等。线绕电阻器的特点是阻值精度极高,工作时噪声小、稳定可靠,能承受高温,在环境温度170 ℃下仍能正常工作。但它体积大、阻值较低,大多在100 kΩ以下。同时线绕电阻器由于结构上的原因,分布电容和电感系数都比较大,不能在高频电路中使用,这类电阻通常在大功率电路中作降压或负载等用。

4. 贴片电阻

即片式固定电阻,俗称贴片电阻,是金属玻璃铀电阻器中的一种。它是将金属粉和玻璃铀粉混合,采用丝网印刷法印在基板上制成的电阻器,耐潮湿,耐高温,温度系数小,可大大节约电路空间成本,使设计更精细化。贴片电阻阻值误差精度有 ±1%、±2%、±5%、±10%,常规用得最多的是 ±1% 和 ±5%,±5% 精度的电阻常规是用3位数来表示,前面两位是有效数字,第3位数表示有零的个数,基本单位是 Ω。为了区分 ±5% 和 ±1% 的电阻,±1% 的电阻常规多数用 4 位数来表示 ,其前 3 位是表示有效数字,第 4 位表示零的个数。

5. 热敏电阻器

热敏电阻器是用一种对温度极为敏感的半导体材料制成的电阻值随温度变化的非线性元件。其中电阻值随温度升高而变小的叫负温度系数热敏电阻器;随温度升高而增大的叫正温度系数热敏电阻器。

6. 压敏电阻器

压敏电阻器是一种特殊的非线性电阻器,当加在压敏电阻器两端的电压达到一定值时,它的阻值会急剧变小。压敏电阻器按伏安特性可分为对称型(无极性)和非对称型(有极性)两种。它们都具有电压范围宽、非线性特性好、电压温度系数小、耐浪涌能力强、体积小、寿命长的特点,在电子线路中,常用作过压保护和稳压元件。

2.1.2　电阻器的型号命名

电阻器的型号命名方法见表 2.1.1。

表 2.1.1　电阻器的型号命名方法

第一部分		第二部分		第三部分		第四部分
用字母表示名称		用字母表示材料		用字母或数字表示分类		用数字表示序号
符号	意义	符号	意义	符号	意义	对主称、材料相同,仅性能指标、尺寸大小有差别,但基本不影响互换使用的产品,给予同一序号。若性能指标、尺寸大小明
R	电阻器	T	碳膜	1	普通	
		P	硼碳膜	2	普通	
		U	硅碳膜	3	超高频	
		H	合成膜	4	高阻	

第一部分		第二部分		第三部分		第四部分
用字母表示名称		用字母表示材料		用字母或数字表示分类		用数字表示序号
符号	意义	符号	意义	符号	意义	显影响互换时,则在序号后面用大写字母作为区别代号
R	电阻器	I	玻璃釉膜	5	高温	
		J	金属膜	6	—	
		Y	氧化膜	7	精密	
		S	有机实心	8	高压和特殊函数	
		N	无机实心	9	特殊	
		X	线绕	G	高功率	
		R	热敏	T	可调	
		G	光敏	X	小型	
		M	压敏	L	测量用	

2.1.3 电阻器的主要技术参数

电阻器的参数主要有容许误差、标称阻值、标称功率、最大工作电压。

1. 容许误差

固定电阻器容许误差一般分为八级,常用容许误差见表 2.1.2。

表 2.1.2 电阻器的常用容许误差

容许误差	文字符号	标称值系列
±0.5%	D	E192
±1%	F	E96
±2%	G	E48
±5%	J	E24

2. 标称阻值

标称阻值是指在电阻器的生产过程中,按一定规格生产的电阻器系列,常用(E24)标称值系列见表 2.1.3。电阻器的标称阻值应为表中数字的 10^n 倍(n 为正整数、负整数或零)。

表 2.1.3 常用(E24)标称值系列

系列代号	系列值
E24	1.0,1.1,1.2,1.3,1.5,1.6,1.8,2.0,2.2,2.4,2.7,3.0,3.3,3.6,3.9,4.3,4.7,5.1,5.6,6.2,6.8,7.5,8.2,9.1

3. 标称功率

在规定温度下,电阻器在电路中长期连续工作时所允许消耗的最大功率。

4. 最大工作电压

允许加到电阻器两端的最大连续工作电压称为最大工作电压 U_m。在实际工作中,若工作电压超过规定的最大工作电压值,电阻器内部可能会产生火花,引起噪声,最后导致热损坏或电击穿。由标称功率和标称阻值可计算出一个电阻器在达到满功率时,它两端所允许加的额定工作电压 U_p。实际工作时电阻器两端所加电压既不能超过 U_m,也不能超过 U_p。

2.1.4 电阻器的规格标志方法

1. 直标法

将电阻器的标称阻值用数字和文字符号直接标注于电阻体上,如图 2.1.1 所示。其允许偏差用百分数表示,未标偏差值的即为 ±20%。此法一般用于功率较大的电阻器。

2. 文字符号法

用数字和文字符号两者有规律地组合来表示标称阻值、额度功率、允许误差等级等。符号前面的数字表示整数阻值,后面的数字依次表示第一位小数阻值和第二位小数阻值,其文字符号所表示的单位见表 2.1.4。

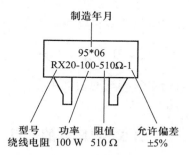

图 2.1.1 电阻器直标法示意图

表 2.1.4 电阻器文字符号表示的单位

文字符号	R	K	M	G	T
表示单位	欧(Ω)	千欧($10^3\ \Omega$)	兆欧($10^6\ \Omega$)	千兆欧($10^9\ \Omega$)	兆兆欧($10^{12}\ \Omega$)

3. 色标法

色标法是将不同颜色的色环涂在电阻体上来表示电阻的标称阻值及允许误差,又称色环法。

常见的色标法有四色环法和五色环法。四色环法一般用于普通电阻标注,五色环法一般用于精密电阻标注。四色环法标注的电阻器左起第一、二道环表示电阻器的有效数字,第三道环表示二位有效数字后零的个数,第四道环表示电阻值的允许误差。五色环法标注的电阻器左起的第一、二、三道环表示有效数字,第四道环表示三位有效数字后零的个数,第五道环表示电阻值的允许误差。各颜色符号代表的意义见表 2.1.5。

表 2.1.5　色标法中颜色符号的意义

颜色	黑	棕	红	橙	黄	绿	蓝	紫	灰	白	金	银
代表数值	0	1	2	3	4	5	6	7	8	9		
代表倍数	1	10	10^2	10^3	10^4	10^5	10^6	10^7	10^8	10^9	10^{-1}	10^{-2}
允许误差(±)%	1	1	2			0.5	0.25	0.1			5	10

2.1.5　电阻器的检测

电阻器的功率、阻值、精度等都可以检测。如电阻器阻值的检测,可用万用表、电阻电桥和数字欧姆表直接测量。

数字万用表有 $3\frac{1}{2}$ 位、$4\frac{1}{2}$ 位和 $5\frac{1}{2}$ 位之分,尤以 $3\frac{1}{2}$ 位、$4\frac{1}{2}$ 位居多,显示位数越多,测量的精度越高。如 VC9807 数字万用表的电阻挡的精度为 $\pm0.2\%\pm5\sim\pm0.5\%\pm5$。

2.1.6　电阻器的选用

在电子产品的设计过程中,电阻器的选用一般遵循三个原则:

1. 类型的选择。在保证电子线路设计要求的前提下,一般选用碳膜电阻;环境较恶劣或精密仪器选用金属膜电阻;若要求电阻可调或电压可调选用固定电阻串接可调电阻。

2. 基本参数的选择。电阻器的阻值、允许误差、额定功率和耐压等参数的选择,不仅要考虑电路中的电压、电流,也要考虑前后级电路的影响。

3. 额定功率的选择。应保证电路在长期连续工作的条件下,不能因发热使电阻器的阻值发生较大变化,更不能烧坏电阻器。一般选择其额定功率为实际功率的 2~3 倍。

2.2　电位器

扫一扫:
元器件之电位器

电位器是一种具有 3 个端头且电阻值可调整的电阻器。在使用中,通过调节电位器的转轴,不但能使电阻值在最大与最小之间变化,而且还能调节滑动端头与两固定端头之间的电位高低,故称电位器。

2.2.1　电位器的分类

电位器的种类较多,并各有特点,根据所用材料的不同,电位器可分为线绕电位器和非线绕电位器两大类;根据结构的不同,电位器又可分为单圈电位器、多圈电位器,单连、双连和多连电位器,在这些电位器中,又分为带开关电位器、锁紧和非锁紧型电位器等;根据调节方式的不同,电位器还可分为旋转式电位器和直滑式电位器两种类型。

1. 碳膜电位器

碳膜电位器的电阻片是用碳粉和树脂的混合物喷涂在马蹄形胶版上制成的。旁边两端焊片间的电阻值是电位器的最大阻值,滑动臂与旁边两端焊片间的阻值随触点位置改变而变化,改变滑动臂在碳膜片上的位置,就可以达到调节电阻的目的。它的特点是结构简单、阻值范围宽(约为 100 Ω~4.7 MΩ)、价格便宜,但电流噪声和非线性较大,功率也不太高,一般小于 2 W。它是目前电子技术中应用最广泛的电位器品种。

2. 线绕电位器

线绕电位器的电阻体是用合金电阻丝制成的。它的特点是有较好的温度稳定性,噪声很低、精度高、耐热性能好、有较大的功率。在同样的功率下,线绕电位器的体积最小,但它的分辨率低、价格高,而且绕组具有分布电感和分布电容,限制了它的高频使用。

3. 单圈式电位器

单圈式电位器是电位器的一种,它的滑动臂只能在不到 360° 的范围内旋转。

4. 多圈式电位器

多圈式电位器的滑动臂从一个极端位置到另一个极端位置,它的轴要转动好几圈。这种电位器的电阻丝紧紧地绕在外有绝缘层的粗金属线上,金属线圈绕成螺旋形,装在有内螺纹的壳体内。它的特点是电压分辨率和行程分辨率高,但成本高。这类电阻适用于需精密微调的电路。

5. 多圈微调电位器

多圈微调电位器是用蜗轮、蜗杆结构调节电阻,蜗轮上装有滑动臂,旋转蜗杆,蜗轮随着转动。由于杆每转动一周,轮仅转动一齿,因此滑动臂在电阻体上作圆周运动,便可达到对电阻值细微调节的目的。

6. 单联、双联和多联电位器

单联电位器是由单个电位器组成,前面介绍的电位器都属单联。多联电位器是将两个或两个以上电位器装在同一根轴上构成。它的特点是多个电位器可以同用一个旋轴,节省零件。大部分用在低频衰减器或需同步的电路。

2.2.2　电位器的型号命名

电位器的型号命名方法见表 2.2.1。

表 2.2.1 电位器的型号命名方法

第一部分		第二部分		第三部分		第四部分
用字母表示名称		用字母表示材料		用字母或数字表示分类		用数字表示序号
符号	意义	符号	意义	符号	意义	对主称、材料相同,仅性能指标、尺寸大小有差别,但基本不影响互换使用的产品,给予同一序号。若性能指标、尺寸大小明显影响互换时,则在序号后面用大写字母作为区别代号
W	电位器	H	合成碳膜	1	普通	
		D	导电塑料	2	普通	
		J	金属膜	3	—	
		Y	氧化膜	4	—	
		S	有机实心	5	—	
		X	线绕	6	支柱等	
				7	精密	
				8	特殊函数	
				9	特殊	
				W	微调	
				D	多圈	

2.2.3 电位器的主要技术参数

电位器的参数主要有额定功率、标称阻值、容许误差等级、阻值变化规律。

1. 额定功率

电位器的两个固定端上允许耗散的最大功率。使用中应注意额定功率不等于中心抽头与固定端的功率。

2. 标称阻值

标在产品上的名义阻值,其系列与电阻器的系列类似。

3. 容许误差等级

实测阻值与标称阻值误差范围根据不同精度等级可以允许 ±20%、±5%、±2%、±1% 的误差,精密电位器的精度可达 ±0.1%。

4. 阻值变化规律

指电位器的阻值与滑动片触点旋转角度(或滑动行程)之间的变化关系,常用的函数形式有直线式、对数式和反对数式(指数式)。

2.2.4 电位器的规格标志方法

电位器的规格标志一般采用直标法,即用字母和阿拉伯数字直接标注于电位器上。一般标注的内容有电位器的型号、类别、标称阻值和额定功率。有时还标注电位器的输出特性(Z 表示指数式、D 表示对数式、X 表示线性)。

2.2.5　电位器的检测

首先测量电位器的阻值,即电位器两固定端之间的阻值应等于其标称值,然后再测量滑动片触点与电阻体的接触情况。具体做法,万用表工作在电阻挡位,一只表笔接电位器的滑动片触点,另一只表笔接其中一个固定端,慢慢将转柄从一个极端位置旋转到另一个极端位置,其阻值应从零(或标称值)连续变化到标称值(或零)。

2.2.6　电位器的选用

1. 类型的选择

在要求不高或使用环境较好的场合,一般选用合成碳膜电位器;若需精密调节,且消耗功率较大时,选用线绕电位器;若工作频率较高或精密电子设备中,选用金属玻璃釉电位器。

2. 输出特性的选择

应根据用途选择电位器的输出特性,如作音量控制用时应首选指数式电位器,其次为直线式电位器,但不能用对数式电位器;作分压用时应选直线式电位器;作音调控制时应选对数式电位器。

3. 基本参数的选择

电位器的额定功率、标称电阻值、容许误差等级、阻值变化规律等参数的选择,要在电位器的类型确定后,再根据电路的要求进行选取。

2.3　电容器

电容也是最常用、最基本的电子元器件之一,是一种储能元件。在电路中多用来调谐、滤波、隔直、交流耦合、交流旁路及与电感元件组成振荡回路等。

扫一扫:
元器件之电
容

2.3.1　电容器的分类

常用电容按容量是否可调分为固定电容、可变电容和微调电容,按介质区分有纸介电容、油浸纸介电容、金属化纸介电容、云母电容、薄膜电容、陶瓷电容、电解电容等。

1. 纸介电容

用两片金属箔做电极,夹在极薄的电容纸中,卷成圆柱形或者扁柱形芯子,然后密封在金属壳或者绝缘材料(如火漆、陶瓷、玻璃釉等)壳中制成。它的特点是体积较小,容量可以做得较大。但是固有电感和损耗都比较大,用于低频比较合适。

2. 云母电容

用金属箔或者在云母片上喷涂银层做电极板,极板和云母一层一层叠合后,再压铸在胶木粉或封固在环氧树脂中制成。它的特点是介质损耗小,绝缘电阻大、温度系数小,适用于高频电路。

3. 陶瓷电容

用陶瓷做介质,在陶瓷基体两面喷涂银层,然后烧成银质薄膜做极板制成。它的特点是体积小,耐热性好、损耗小、绝缘电阻高,但容量小,适用于高频电路。铁电陶瓷电容容量较大,但是损耗和温度系数较大,适用于低频电路。

4. 薄膜电容

结构和纸介电容相同,介质是涤纶或者聚苯乙烯。涤纶薄膜电容,介电常数较高,体积小,容量大,稳定性较好,适宜做旁路电容。聚苯乙烯薄膜电容,介质损耗小,绝缘电阻高,但是温度系数大,适用于高频电路。

5. 金属化纸介电容

结构和纸介电容基本相同。它是在电容器纸上覆上一层金属膜来代替金属箔,体积小,容量较大,一般用在低频电路中。

6. 油浸纸介电容

它是把纸介电容浸在经过特别处理的油里,能增强它的耐压。它的特点是电容量大、耐压高,但是体积较大。

7. 铝电解电容

它是由铝圆筒做负极,里面装有液体电解质,插入一片弯曲的铝带做正极制成。还需要经过直流电压处理,使正极片上形成一层氧化膜做介质。它的特点是容量大,但是漏电大,稳定性差,有正负极性,适用于电源滤波或者低频电路中。注意使用的时候,正负极不要接反。

8. 钽、铌电解电容

它用金属钽或者铌做正极,用稀硫酸等配液做负极,用钽或铌表面生成的氧化膜做介质制成。它的特点是体积小、容量大、性能稳定、寿命长、绝缘电阻大、温度特性好,适用于要求较高的设备中。

2.3.2 电容器型号命名

根据 GB/T 2470–1995,电容器的型号命名由四部分组成,见表 2.3.1。

表 2.3.1　电容器的型号命名方法

第一部分		第二部分		第三部分		第四部分
用字母表示主称		用字母表示介质材料		用数字和字母表示结构类型		序号
符号	意义	符号	意义	符号	意义	包括:品种、尺寸、代号、温度特性、直流工作电压、标称值、允许误差、标准代号
C	电容器	C	瓷介	T	铁电	
		I	玻璃釉	W	微调	
		O	玻璃膜	J	金属化	
		Y	云母	X	小型	
		V	云母纸	S	独石	
		Z	纸介	D	低压	
		J	金属化纸	M	密封	
		B	聚苯乙烯	Y	高压	
		L	涤纶	C	穿心式	
		Q	漆膜			
		H	纸膜复合			
		D	铝电解			
		A	钽电解			
		G	金属电解			
		N	铌电解			
		T	钛电解			

第三部分为数字时所代表的意义,见表 2.3.2。

表 2.3.2　第三部分为数字时所代表的意义

符号(数字)	结构类型(型号的第三部分)的意义			
	瓷介电容器	云母电容器	有机电容器	电解电容器
1	圆片	非密封	非密封	箔式
2	管型	非密封	非密封	箔式
3	叠片	密封	密封	烧结粉液体
4	独石	密封	密封	烧结粉固体
5	穿心		穿心	
6	支柱管			无极性
7	交流	标准	片式	无极性
8	高压	高压	高压	
9			特殊	特殊

2.3.3　电容器的标称容量

电容器的标称容量是标注在电容器上的电容量,单位是法拉,简称法(F),常用单位还有微法(μF)、纳法(nF)、皮法(pF)。

1. 直标法

直标法就是将标称容量及允许误差直接标注于电容体上。用该方法标注电容容量时,可不标注单位,其识读方法为:凡容量大于 1 的无极性电容,其容量单位为 pF;凡容量小于 1 的无极性电容,其容量单位为 μF;凡有极性的电容,其容量单位为 μF。如 2μ2 表示容量为 2.2 μF;4n7 表示容量为 4.7 nF 或 4 700 pF。

2. 数标法

用三位数字表示电容容量大小,前两位为标称容量的有效数字,第三位为倍率,表示乘以 10 的几次方,容量单位为 pF,适用于体积较小的电容器。如"222"表示 2 200 pF;"103"表示 10^4pF。

3. 极性法

对于有极性的电容器,诸如电解电容、油浸电容、钽电容等,一般极性符号("+"或"−")都标注在相应的端脚位置,有时也用箭头来指明相应端脚。

2.3.4　电容器的检测

某些数字万用表具有测量电容的功能,以 $4\frac{1}{2}$ 位 VC9807 型数字万用表为例,说明电容器容量的测试方法。VC9807 型数字万用表的电容器测量有 2 nF、20 nF、200 nF、2 μF 和 200 μF,共 5 挡,测量精度为 ±2.5%±10。测量时,首先根据电容元件选择合适的挡位。然后打开电源开关,等待数秒,直到显示屏上出现 0.000 为止。再将电容器的两引脚插入 CX 孔,等待 1~2 s,即可读出电容的容量数值。

2.3.5　电容器的选用

1. 不同的电路应选用不同种类的电容器

在电源滤波、退耦电路中应选用电解电容器;在高频、高压电路中应选用瓷介电容器、云母电容器;在谐振电路中,可选用云母、陶瓷、有机薄膜等电容器;用作隔直流时可选用纸介、涤纶、云母、电解等电容器;用在调谐回路时,可选用空气介质或小型密封可变电容器。

在选用时还应注意电容器的引线形式。可根据实际需要选择焊片引出、接线引出、螺丝引出等,以适应线路的插孔要求。

2. 电容器耐压的选择

电容器的额定电压应高于实际工作电压 10%~20%,对工作电压稳定性较差的电路,可留有更大的余量,以确保电容器不被损坏。

3. 容量误差的选择

对业余的小制作一般不考虑电容器的容量误差。对于振荡、延时电路,电容器容量误差应尽可能小,选择误差值应小于 5%。对用于低频耦合电路的电容器,其误差可以大些,一般选 10%~20% 就能满足要求。

电容器在选用时不仅要注意以上几点,有时还要考虑其体积、价格、电容器所处的工作环境(温度、湿度)等情况。

2.4 电感器

电感器是能够把电能转化为磁能而存储起来的元件。电感器的结构类似于变压器,但只有一个绕组。电感器又称扼流器、电抗器、动态电抗器。电感器具有阻止交流电通过而让直流电顺利通过的特性,频率越高,线圈阻抗越大。因此,电感器的主要功能是对交流信号进行隔离、滤波,或与电容器、电阻器等组成谐振电路。

2.4.1 电感器的分类

电感线圈的种类很多,按其结构特点可分为单层线圈、多层线圈、蜂房线圈、带磁芯线圈及可变电感线圈等。

1. 单层线圈

单层线圈的电感量较小,约在几个微亨至几十微亨之间。单层线圈通常使用在高频电路中,为了提高线圈的 Q 值,单层线圈的骨架常使用介质损耗小的陶瓷和聚苯乙烯材料制作。线圈的绕制可采用密绕和间绕。间绕线圈每圈之间都相距一定的距离,所以分布电容较小。当采用粗导线时,可获得高 Q 值和高稳定性。但间绕线圈电感量不能做得很大,因而它可以使用在要求分布电容小,稳定性高,而电感量较小的场合。对于电感量大于 15 μH 的线圈,可采用密绕。密绕线圈的体积较小,但它圈间电容较大,使 Q 值和稳定性都有所降低。

另外,对于有些要求稳定性较高的地方,还应用镀银的方法将银直接镀覆在膨胀系数很小的瓷质骨架表面,制成电感系数很小的高稳定型线圈。在高频大电流的条件下,为了减少集肤效应,线圈通常使用铜管绕制。

2. 多层线圈

单层线圈的电感量小,如要获得较大值电感量时单层线圈已无法满足。因此,当电感量大于 300 μH 时,就应采用多层线圈。多层线圈除了圈与圈之间具有电容之外,层与层之间也具有电容,因此使用多层线圈的分布电容大大增加。

同时线圈层与层间的电压相差较多。当层间的绝缘较差时，易于发生跳火、绝缘击穿等问题。为此，多层线圈常采用分段绕制，各段之间距离较大，减少了线圈的分布。

3. 蜂房线圈

多层线圈的缺点之一就是分布电容较大，采用蜂房绕制方法，可以减少线圈的固有电容。所谓的蜂房式，就是将被绕制的导线以一定的偏转角（约19°~26°）在骨架上缠绕。通常缠绕是由自动或半自动的蜂房式绕线机进行的。对于电感量较大的线圈，可以采用两个或三个以至多个蜂房线包将它们分段绕制。

4. 带磁芯的线圈

线圈加装磁芯后，电感量、品质因数等都将增加。加装磁芯后还可以减小线圈的体积，减少损耗和分布电容。另外，调节磁芯在线圈中的位置，还可以改变电感量。因此许多线圈都装有磁芯，形状也各式各样。

5. 可变电感线圈

在有些场合需对电感量进行调节，用以改变谐振频率或电路耦合的松紧，通常采用四种方法制成。

（1）在线圈中插入磁芯和铜芯。

（2）在线圈中安装一滑动接点。

（3）将两个线圈串联，均匀地改变两线圈之间的相对位置，以使互感量变化。

（4）将线圈引出数个抽头，加波段开关连接。这种方法有严重的缺点，即电感不能平滑地进行调节。

6. 固定电感器

固定电感器通常称为色码电感，其结构是按不同电感量的要求将不同直径的铜线绕在磁芯上，再用塑料壳封装或用环氧树脂包封。它在电子线路中主要作振荡、滤波、阻流、陷波等之用。固定电感器的特点是体积小、重量小、结构牢固而可靠。按它的引出线方向的不同可分为双向引出和单向引出。

7. 低频扼流圈

低频扼流圈用于电源和音频滤波。它通常有很大的电感，可达几亨到几十亨，因而对于交变电流具有很大的阻抗。扼流圈只有一个绕组，在绕组中对插硅钢片组成铁心，硅钢片中留有气隙，以减少磁饱和。

2.4.2　电感器的型号

国产电感线圈的型号由下列四个部分组成。

第一部分：主称，用字母表示（L 为线圈、2L 为阻流圈）。

第二部分:特征,用字母表示(G 为高频)。

第三部分:型式,用字母表示(x 为小型)。

第四部分:区别代号,用字母 A、B、C…表示。

2.4.3　电感器的主要参数

1. 电感量

电感量太小,跟电感线圈的圈数、截面积以及内部有没有铁心或磁芯有很大关系。如果在其他条件相同的情况下,圈数越多,电感量就越大;圈数相同,其他条件不变,那么线的截面积越大,电感量就越大;同一个线圈,插入铁心或磁芯后,电感量比空心时明显增大,而且插入的铁心或磁芯质量越好,线圈的电感量就增加得越多。

2. 品质因数

品质因数是表示线圈质量的一个参数。它是指线圈在某一频率的交流电压下工作时,线圈所呈现的感抗和线圈的直流电阻的比值。

3. 分布电容

线圈的圈和圈之间存在电容;线圈与地之间以及线圈与屏蔽盒之间也存在电容,这些电容称为分布电容。分布电容的存在,影响了线圈的性能,因此总希望线圈的分布电容尽可能地小。

4. 稳定性

在温度、湿度等因素改变时,线圈的电感量以及品质因数便随之改变。稳定性表示线圈参数随外界条件变化而改变的程度。

2.4.4　电感器的检测

电感器的好坏可以用万用表进行检测,如图 2.4.1 所示。将万用表置于"R×1"挡,两表笔(不分正、负)与电感器的两引脚相接,表针指示应接近为"0 Ω",电感量较大的电感器应有一定的阻值。如果表针不动,说明该电感器内部断路;如果表针指示不稳定,说明内部接触不良。

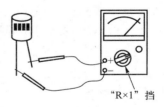

图 2.4.1　用万用表检测电感器的好坏

2.4.5　电感线圈的选用

① 按工作频率的要求选择某种结构的线圈。用于音频段的一般要用带铁心(硅钢片或坡莫合金)或低频铁氧体芯的,在几百千赫到几兆赫间的线圈最好用铁氧体芯,并以多股绝缘线绕制的,这样可以减少集肤效应,提高 Q 值;要用几兆赫到几十兆赫的线圈时,宜选用单股镀银粗铜线绕制,磁芯要采用短波高频

铁氧体,也常用空心线圈。由于多股线间分布电容的作用及介质损耗的增加,所以不适宜频率高的地方,在一百兆赫以上时一般不能选用铁氧体磁芯,只能用空心线圈。

② 因为线圈骨架的材料与线圈的损耗有关,因此用在高频电路里的线圈,通常应选用高频损耗小的高频瓷做骨架。对于要求不高的场合,可选用塑料、胶木和纸做骨架的电感器,虽然损耗大一些,但它们价格低廉、制作方便、重量小。

③ 在选用线圈时必须考虑机械结构是否牢固,不应使线圈松脱、引线接点活动等。

2.5 晶体管

晶体管是现代电子技术的基础。随着集成电路应用的日益广泛,分立元件(包括晶体管)的应用日趋减少,但晶体管作为现代电子技术的基础,仍然没有动摇。

2.5.1 晶体管器件型号的命名方法

常用的晶体管主要有三极管和二极管两种。三极管以符号 BG(旧)或(T)表示,二极管以 D 表示。按制作材料分,晶体管可分为锗管和硅管两种。按极性分,三极管有 PNP 型和 NPN 型两种,而二极管有 P 型和 N 型之分。具体命名方法见表 2.5.1。

表 2.5.1 晶体管器件的型号命名方法

第一部分		第二部分		第三部分		第四部分		第五部分
用数字表示器件的电极数目		用汉语拼音字母表示器件的材料和极性		用汉语拼音字母表示器件的类型		用数字表示器件序号		用汉语拼音字母表示器件的规格
符号	意义	符号	意义	符号	意义	符号	意义	符号
2	二极管	A	N 型,锗材料	P	普通管	D	低频大功率管	
3	三极管	B	P 型,锗材料	V	微波管	A	高频大功率管	
		C	N 型,硅材料	W	稳压管	T	半导体晶闸管	
		D	P 型,硅材料	C	参量管	Y	(可控整流器)体效应器件	
		A	PNP 型,锗材料	Z	整流器	B	雪崩管	

第一部分		第二部分		第三部分		第四部分		第五部分
用数字表示器件的电极数目		用汉语拼音字母表示器件的材料和极性		用汉语拼音字母表示器件的类型		用数字表示器件序号		用汉语拼音字母表示器件的规格
符号	意义	符号	意义	符号	意义	符号	意义	符号
3	三极管	B	NPN 型,锗材料	L	整流堆	J	阶跃恢复管	
		C	PNP 型,硅材料	S	隧道管	CS	场效应器件	
		D	NPN 型,硅材料	N	阻尼管	BT	半导体特殊器件	
		E	化合物材料	U	光电器件	FH	复合管	
				K	开关管	PIN	PIN 型管	
				X	低频小功率管	JG	激光器件	
				G	高频小功率管			

2.5.2 晶体管器件的引脚识别

1. 晶体二极管的识别方法

（1）目视法

一般情况下,二极管的外壳印有型号与标记,标记箭头所指方向为负极。塑料二极管有圆环标志的一端为负极;对于发光二极管,短脚为负极。

（2）万用表法

通常选用万用表的二极管挡位。将红、黑表笔分别接二极管的两极,然后调换两表笔再测一次。两次测量中,读数分别为几百(表示正向电阻很小)和"1"("1"表示反向电阻很大),在测得较小电阻的接法中,红表笔所接为二极管阳极。

也可以选用数字万用表的电阻挡(R×10 K 或 R×1 K)进行测量,方法如下:用万用表的两表笔分别接到二极管的两个极上,当二极管导通,测得阻值较小(一般几十欧至几千欧之间),这时红表笔接的是二极管的正极,黑表笔接的是二极管的负极。当测得阻值很大(一般为几百欧至几千欧),这时黑表笔接的是二极管的正极,红表笔接的是二极管的负极。

2. 晶体三极管的识别方法

（1）目视法

金属封装的小功率晶体三极管管壳上一般带有定位销,将管底朝上,从定位销起,按顺时针方向,三个电极依次为发射极、基极、集电极。若管壳上无定位销,将带有三个电极的一侧向上,半圆的一侧向下,按顺时针方向,三个电极依次为发射极、基极、集电极。塑料封装的小功率晶体三极管,面对平面,三个电极置于下方,从左至右三个电极依次为发射极、基极、集电极。

（2）万用表法

利用万用表可以粗略地判断晶体三极管的类型（NPN 型或 PNP 型）和管脚。其依据是:把晶体三极管的结构看成是两个背向的 PN 结,对 NPN 型晶体三极管来说,基极是两个结的公共阳极,对 PNP 型晶体三极管来说,基极是两个结的公共阴极。具体做法:

① 确定晶体三极管的基极和类型。通常选用数字万用表的欧姆挡（R× 10 K 或 R×1 K）。首先将黑表笔接晶体三极管的某一电极,红表笔分别接晶体三极管的另外两电极,观察示数,若两次测量阻值都大或都小,则黑表笔所接管脚即为基极（两次阻值都大为 NPN 型管,两次阻值都小为 PNP 型管）,若两次测量阻值一大一小,则用黑表笔重新接晶体三极管其他引脚继续测量,直到找到基极。

② 确定晶体三极管的集电极和发射极。利用万用表测量 β（HFE）值的挡位,把基极插入所对应的孔中,其余管脚分别插入 c、e 孔,并观察数据,然后将 c、e 孔中的管脚对调再观察数据,数值大的说明管脚插对了。

2.6　集成运算放大器

集成运算放大器（集成运放）是利用集成工艺,将运算放大器的所有元件集成制作在同一块硅片上,然后再封装在管壳内。只需另加较少的外部元件,便可实现很多电路功能。已成为模拟电子技术领域中的核心器件之一。

2.6.1　集成运算放大器的分类

集成运放的种类繁多,性能各异,分类方法也多种多样。

① 按供电方式可分为单电源供电和双电源供电,在双电源供电中又分为正、负电源对称型和不对称型供电。

② 按集成度可分为单运放、双运放和四运放。

③ 按制造工艺可分为双极型、CMOS 型和 BiFET 型。

④ 按工作原理可分为电压放大型、电流放大型、跨导型和互阻型。

⑤ 按可控性可分为可变增益运放和选通控制运放。

⑥ 按性能指标可分为通用型和特殊型。

2.6.2 集成运算放大器的命名方法

集成电路的命名国际上还没有一个统一的标准,各制造公司都有自己的一套命名方法,但各制造公司对集成电路的命名存在一定规律。例如:LM324 中的 LM 代表线性电路,3 字头代表民品;LM224 中 2 字头代表工业级;LM124J 中 1 字头代表军品。

根据国家标准 GB3430-82"半导体集成电路型号命名方法"关于集成运放组成的规定进行命名见表 2.6.1。

表 2.6.1 我国半导体集成电路型号命名方法

第0部分		第1部分		第2部分	第3部分		第4部分	
用字母表示器件符合国家标准		用字母表示器件的类型		用数字表示器件的系列和品种代号	用字母表示器件的工作温度范围		用字母表示器件的封装	
符号	意义	符号	意义		符号	意义	符号	意义
C	中国国标产品	F	线性放大器		C	0~70℃	F	多层陶瓷扁平封装
					G	−25~70℃	B	塑料扁平封装
					L	−25~85℃	D	多层陶瓷双列直插封装
					E	−40~85℃	J	黑瓷双列直插封装
					R	−55~85℃	P	塑料双列直插封装
					M	−55~125℃	T	金属圆形
							K	金属菱形封装

2.6.3 集成运算放大器的封装形式及引脚排列

使用集成运放前,必须认真查对和识别集成运放的引脚,查阅手册确认各引脚的功能、使用方法,以免损坏器件。集成运放的封装形式主要有金属圆形封装和双列直插式封装。引脚排列的一般规律为:

1. 圆形集成运放

识别时,面向引脚正视,从定位销顺时针方向依次为①,②,③……如图 2.6.1(a)所示。圆形封装的集成电路多用于模拟集成电路。

2. 扁平形和双列直插式集成运放

识别时,将文字、符号标记正放(一般集成运放上有一圆点,竖线或有一半圆形缺口作为记号,将圆点、竖线或缺口置于左方),由顶部俯视,从左下脚起,逆时

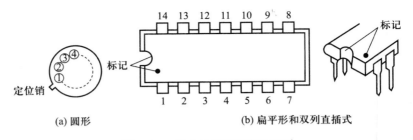

定位销

③④
②
①

标记

(a) 圆形

14 13 12 11 10 9 8

1 2 3 4 5 6 7

标记

(b) 扁平形和双列直插式

图 2.6.1　集成运放外引线的识别

针方向依次为 1, 2, 3……如图 2.6.1 (b) 所示。扁平形多用于数字集成运放。双列直插式广泛用于模拟和数字集成运放。

第 3 章
模拟电子技术基础实验

3.1 仪器使用及二极管应用电路(整流滤波)

3.1.1 实验目的

① 熟悉常用电子仪器的使用方法。
② 学习通用电路板的使用及手工焊接技术。
③ 熟悉电路中交直流电压的测试。
④ 学习用示波器观测信号波形。

3.1.2 实验仪器设备

电阻、电容、二极管、导线;电烙铁(30 W,附松香焊锡丝);通用电路板;数字万用表;模拟双踪示波器(或数字示波器);模拟电路实验箱;函数信号发生器;交流电压表。

3.1.3 设计要求

1. 设计任务
设计一单相桥式整流电容滤波电路,设计要求如下:
(1) 输出电压平均值 $U_{O(AV)}$=9 V,负载 R_L=1 kΩ;
(2) 合理选择器件,画出电路图;
(3) 在通用电路板上焊接电路并测试。
2. 设计提示
(1) 参考电路如图 3.1.1 所示。

> 注:本章电路中所给元件参数均为参考值,实验中可根据情况自行调整。

(2) 图 3.1.1 中,工频交流电经变压器降压后的 u_2,经 VD_1、VD_2、VD_3、VD_4 构成的整流桥后输出脉动直流电压,再经电容 C 滤波后输出直流电压供给负载 R_L。

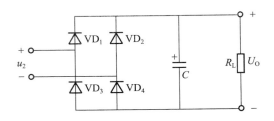

图 3.1.1　桥式整流电容滤波电路

（3）图中，无电容 C 时，$U_{O(AV)}=0.9\,U_2$；有电容 C 且满足 $R_LC\geqslant(3\sim5)\dfrac{T}{2}$ 时（其中 T 为交流电压的周期），$U_{O(AV)}=1.2\,U_2$。

3.1.4　实验内容、方法及步骤

1. 万用表使用练习

（1）使用万用表二极管挡位测试三极管管型、管脚及电流放大系数。

提示：首先找出基极并确定管型、材料；然后测试其放大系数。

（2）万用表打到电流挡位，选择合适量程，串联到电路中，测试直流电流。

2. 示波器、信号源、交流电压表使用练习

（1）用信号源输出一正弦波电压信号，调节输出信号的频率、幅值直至频率 $f = 2\,\text{kHz}$，峰 – 峰值 $U_{P-P} = 30\,\text{mV}$。

（2）使用示波器观察该正弦波信号波形及估测信号的幅值、有效值、周期、频率等参数。

（3）用交流电压表测试该正弦电压信号的有效值。

3. 用万用表测试线路通断、电阻、二极管等元器件

万用表打到蜂鸣器挡位，测试线路通断；万用表打到电阻挡位相应量程测试电阻值；万用表打到二极管挡位测试二极管好坏及管脚。

4. 元器件与电路板的焊接

熟悉电烙铁的正确使用及基本焊接知识。元器件管脚经整形后正确安装到通用电路板上，利用手工焊接工艺把电路板与元器件有机连接到一起，确保电路连接正确，焊接出线端子，以便测试。

注：电容暂时不安装，以便测试。

通常手工焊接使用 30 W 的电烙铁，采取笔握式。把整形好的元器件安装到通用电路板指定位置并平放在工作台上，一手拿电烙铁，一手拿焊锡丝，利用烙铁头的温度融化焊锡丝，让锡平滑流淌到焊盘四周，均匀分布，撤走电烙铁，待

锡冷却。适当控制焊接时间,焊接时间过长容易破坏焊盘;时间过短,焊锡不能充分融化,容易出现虚焊。

5. 直流电源电路的测试

(1) 无电容滤波时。模拟电路实验箱提供交流侧电源。用万用表测试交流侧电压 u_2 及直流侧电压 $U_{O(AV)}$,测试结果填入表 3.1.1 中;用示波器观察交流侧电压 u_2 及直流侧电压 $U_{O(AV)}$,观察结果填入表 3.1.2 中。

注:直流侧电压分别测试无电容滤波和有电容滤波两种情况。

(2) 有电容滤波时。参照电路(图 3.1.1)将电容焊接到通用电路板上,重复(1)的过程。

3.1.5 实验数据表格

请将实验数据填入表 3.1.1 与表 3.1.2 中。

表 3.1.1 测试电压记录表

	U_2/V(有效值)	$U_{O(AV)}/V$(平均值)无电容 C	$U_{O(AV)}/V$(平均值)有电容 C
测量值			
理论值			

表 3.1.2 测试波形记录表

	u_2/V	u_0/V(无电容 C)	u_0/V(有电容 C)
测量波形			

3.1.6 温馨提示

1. 若实验中使用的数字式万用表,其红表笔所接为内部电池的正极;若使用指针式万用表,则黑表笔所接为内部电池的正极。测试有极性的元器件(二极管、三极管等)时需注意。

2. 焊接电路时,电烙铁头部温度在 300 ℃ 以上,特别注意人身及衣物设备等安全,用完电烙铁放到烙铁架中;同时注意焊接质量,避免造成虚焊错焊等,影响电路正常工作。

3. 滤波电容为容量较大的电解电容,使用时注意极性不能接反。

3.2　单管交流放大电路的仿真分析及静态测试

电子课件——
放大电路的
静态分析方法

3.2.1　实验目的

① 学习常用电子电路仿真软件 Multisim 的使用。
② 熟悉单管放大电路的仿真分析方法。
③ 通过实验掌握各元件参数对静态工作点的影响。

3.2.2　设计要求

1. 设计任务

设计一交流电压放大电路,电源电压 V_{CC}=6 V,使用 NPN 型硅晶体管 9011,电流放大系数 β=120。要求:$I_{CQ} \approx 1.5$ mA,$U_{CEQ} \approx 3$ V,合理选择器件参数,画出电路图。用 Multisim 仿真无误后,在模拟实验箱上连线并测试静态工作点。

注:可根据实际情况适当改变指标要求,以便选择器件参数。

2. 设计提示

参考电路如图 3.2.1 所示。器件参数参考值:R_b=100 kΩ,R_P=1 MΩ,R_c=2 kΩ,三极管为硅材料,工作在放大区时,取 U_{BEQ}=0.7 V,则利用近似估算法可求出:

$$I_{BQ}=\frac{V_{CC}-U_{BEQ}}{R_P+R_b}, \quad I_{CQ}=\beta I_{BQ}, \quad U_{CEQ}=V_{CC}-I_{CQ}R_c$$

3.2.3　实验仪器设备

模拟电路实验箱(自带直流电源);数字万用表;函数信号发生器(附信号线 2 根);微型计算机。

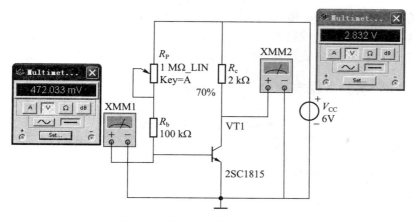

图 3.2.1　放大电路静态测试仿真图

3.2.4　实验内容、方法及步骤

> 注:此实验也可以通过硬件电路实验箱实现。

1. 单管放大电路的仿真分析

(1) 绘制电路图。参照图 3.2.1 取用元器件和电源 V_{CC} 以及参考地,放置于电路中,双击 V_{CC} 将其参数改为 6 V。将放置电路中各器件连接起来。

(2) 静态分析。参照图 3.2.1 测试电路的基极和集电极对地电位,可得出 U_{BEQ}=0.47 V,U_{CEQ}=2.83 V。根据测得的数据计算 I_{BQ} 和 I_{CQ} 的值。改变电路中各元器件参数,测量参数改变后的静态工作点,注意每次只能改变一个元件的参数。观察元件参数对静态工作点的影响。

2. 单管放大电路的静态测试

(1) 参照图 3.2.1 在模拟实验箱上完成电路连接。

(2) 用万用表监测集电极电位 U_c,调节基极电位器 R_P 和集电极电阻 R_c,使得 I_{CQ} ≈ 1 mA,U_{CEQ} ≈ 3.2 V,用直流电压挡测试基极、集电极、发射极电位 U_{BQ}、U_{CQ}、U_{EQ},用 Ω 挡测试基极电位器 R_P 和集电极电阻 R_c,记入表 3.2.1 中的第一行。根据测得的数据计算 I_{BQ}、I_{CQ}。

> 注:黑表笔接地,红表笔接测试点;电流也可用间接法测,即测试相关电压,然后用欧姆定律转换,得到所测电流,请读者自行分析。

(3) 调节 R_c 及 R_P,使得 I_{CQ} ≈ 1.5 mA,U_{CEQ} ≈ 3 V,用相同的方法,测量参数改

变后的静态工作点及 R_P 和 R_c，结果填入表 3.2.1 中的第二行。

(4) 调节 R_c 及 R_P，使得 $I_{CQ} \approx 2\ \text{mA}$，$U_{CEQ} \approx 2.6\ \text{V}$，用相同的方法测量参数改变后的静态工作点，结果填入表 3.2.1 中的第三行。讨论各行数据之间的差异。

3.2.5　实验数据表格

表 3.2.1　测试数据记录表

测试条件	测量值					计算值				
U_{CEQ}/V	R_P	R_c	U_{BQ}/V	U_{CQ}/V	U_{EQ}/V	U_{BEQ}/V	U_{CEQ}/V	$I_{BQ}/\mu\text{A}$	I_{CQ}/mA	β
3.2										
3										
2.6										

3.2.6　温馨提示

① 使用万用表时注意及时变换挡位、量程，以免造成仪表损坏；测试电流时需要把万用表串联到回路中，不方便，所以也可以用间接法测试。

② 测试电路中的电阻等器件参数时，切记电路断开电源，且应切断相关的旁路元件。

③ 使用 Multisim 仿真软件时，注意设置图纸参数、符号标准等，连线时尽量少交叉，及时调整虚拟元件参数等。

> **思考题**
> ① 什么是静态工作点，电路为什么要设置合适的静态工作点？
> ② 静态工作点与电路非线性失真的关系。

3.3　分压式静态工作点稳定电路(共射极)

电子课件—分压式静态工作点稳定电路

3.3.1　实验目的

① 熟练掌握放大器静态工作点的调试方法，熟悉其对放大器性能的影响。

② 掌握放大器电压放大倍数、输入电阻、输出电阻及最大不失真输出电压的测试方法。

③ 研究放大电路失真与工作点的关系及失真的调整。

3.3.2 设计要求

1. 设计任务

设计一分压式共射极放大电路,电源电压 V_{CC}=12 V,选用 NPN 型硅晶体管 9011,电流放大系数 β=120。要求 $I_{CQ} \approx 1.5$ mA, $U_{CEQ} \approx 6$ V,合理选择器件参数。画出电路图。

2. 设计提示

(1) 参考电路如图 3.3.1 所示。

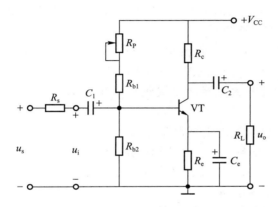

图 3.3.1 分压式共射极交流电压放大电路

元件参考参数: V_{CC}=12 V, R_{b1}=20 kΩ, R_{b2}=20 kΩ, R_P=680 kΩ, R_c=3 kΩ, R_e=1 kΩ, R_s=1 kΩ,图中电容均为容量大的电解电容,容量在 10 μF 以上。

(2) 图 3.3.1 中,三极管为硅材料,工作在放大区时,取 U_{BEQ}=0.7 V,当流过偏置电阻 R_{b1} 和 R_{b2} 的电流远大于晶体三极管的基极电流 I_B 时(一般 5~10 倍),则利用近似估算法可求出:

$$U_{BQ} = \frac{R_{b2}}{R_P + R_{b1} + R_{b2}} V_{CC}, \quad I_{EQ} = \frac{U_B - U_{BEQ}}{R_e} \approx I_{CQ}, \quad U_{CEQ} = V_{CC} - I_{CQ}(R_c + R_e)$$

其动态参数理论求解公式如下:

电压放大倍数: $\dot{A}_u = -\beta \dfrac{R_c /\!/ R_L}{r_{be}}$;

输入电阻: $R_i = (R_P + R_{b1}) /\!/ R_{b2} /\!/ r_{be}$;

输出电阻: $R_o = R_c$。

3.3.3 实验仪器设备

模拟电路实验箱;数字万用表;双踪示波器;函数信号发生器;交流电压表。

3.3.4 实验内容、方法及步骤

1. 放大电路的静态测试

(1) 参照图 3.3.1 连接电路,检查电路无误后,加入 12 V 直流电源至 V_{CC}。调试静态工作点,使晶体三极管工作在负载线的中点附近,即 $I_{CQ} \approx 1.5$ mA,$U_{CEQ} \approx 6$ V。

方法:用万用表直流电压挡监测发射极电位 U_E,调节 R_P 使 $U_E = 1.5$ V,即满足 $I_{CQ} \approx 1.5$ mA,$U_{CEQ} \approx 6$ V 设计要求,此时测试 R_P 值,不可再随意调整此电位器。

(2) 用万用表测试电路的静态工作点,并将记录的数据填入表 3.3.1 中。

2. 放大电路的动态测试

(1) 用信号源输出一正弦波电压信号,其频率 $f = 2$ kHz 左右,峰 – 峰值 $U_{P-P} = 30$ mV(或有效值 $U = 10$ mV 左右),加入到放大电路的输入端,即图中 u_i。

(2) 接通电源,用示波器两个通道监测输入及输出电压波形,观察放大情况。

(3) 交流电压放大倍数 A_u 的测量

在输出信号不失真情况下,根据不同测试条件,用交流电压表测试 U_i 与 U_o 的有效值,求得 $A_u = U_o/U_i$,记录数据并填入表 3.3.2 中。

(4) 输入电阻 R_i 的测量

为了测量放大器的输入电阻,按图 3.3.1 电路在被测放大器的输入端与信号源之间串入一已知电阻 R_s,在放大器正常工作的情况下,用交流电压表测出 U_s 和 U_i,则根据输入电阻的定义可得:$R_i = \dfrac{U_i}{I_i} = \dfrac{U_i}{U_{Rs}/R_s} = \dfrac{U_i}{U_s - U_i} \cdot R_s$

把测量数据填入表 3.3.3 中,测量时应注意:

① 由于电阻 R_s 两端没有电路公共接地点,所以测量 R_s 两端电压 U_{Rs} 时必须分别测出 U_s 和 U_i,然后按 $U_{Rs} = U_s - U_i$,求出 U_{Rs} 值。

② 电阻 R_s 的值不宜取得过大或过小,以免产生较大的测量误差,通常取 R_s 与 R_i 为同一数量级为好,本实验可取 $R_s = 1 \sim 2$ kΩ。

(5) 输出电阻 R_o 的测量

按图 3.3.1 电路,在放大器正常工作条件下,测出输出端不接负载 R_L 的输出开路电压 U_o 和接入负载后的输出电压 U_o',根据 $U_o' = \dfrac{R_L}{R_o + R_L} U_o$,即可求出:

$R_o = \dfrac{U_o - U_o'}{U_o'} R_L$,记录数据并填入表 3.3.3 中。

在测试中应注意,必须保持 R_L 接入前后输入信号的大小不变。

3.3.5 实验数据表格

表 3.3.1　静态工作点测试数据记录表

实验参数		测量值			计算值				
R_P	R_c	U_{BQ}/V	U_{CQ}/V	U_{EQ}/V	U_{BEQ}/V	U_{CEQ}/V	$I_{BQ}/\mu A$	I_{CQ}/mA	β

表 3.3.2　电压放大倍数测试数据记录表

测试条件			测量值	计算值	理论计算值
U_i/mV	R_L	R_c	U_o/V	$A_u=U_o/U_i$	$A_u=U_o/U_i$
10 mV	∞	3 kΩ			
	5.1 kΩ	3 kΩ			
		5.1 kΩ			

表 3.3.3　输入、输出电阻测试表(已知:R_L=3 kΩ, R_c=3 kΩ, R_s=1 kΩ)

测试条件	测量值			计算值		理论计算值	
U_i/mV	U_s/mV	U_o/V	U_o'/V	R_i	R_o	R_i	R_o
10 mV							

3.3.6 温馨提示

① 该电路为小信号放大电路,所以注意输入信号一定不能过大,否则必然导致输出波形失真。

② 电路的交流输入、输出电压不能使用万用表测试,因信号频率已经超出万用表的频率响应范围,须用交流毫伏表测试。

③ 通常交流毫伏表不允许浮地测试,使用时注意。

思考题

① 放大电路动态性能指标主要有哪些,对电路性能有何影响?

② 静态工作点与电路非线性失真的关系。如果测量时发现放大倍数远小于设计值,你认为可能是哪些原因造成的?

3.4 差分放大电路的仿真分析及实现

3.4.1 实验目的

① 学习使用仿真软件完成对差分放大电路的静态、动态测试。
② 掌握差分放大电路的工作原理和基本参数的测试方法。
③ 理解差模、共模的含义。
④ 熟悉 R_e 对共模信号的抑制作用。

3.4.2 设计要求

1. 设计任务

设计一长尾式差分放大电路,电源电压 $V_{CC}=V_{EE}=12$ V,使用 NPN 型硅晶体管 2SC1815,电流放大系数 $\beta=100$。画出电路图,合理选择器件参数。

2. 设计提示

参考电路如图 3.4.1 所示。图中,三极管工作在放大区时,取 $U_{BE}=0.7$ V。

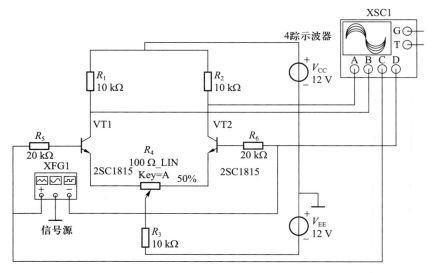

图 3.4.1　长尾式差分放大电路仿真图

3.4.3 实验仪器设备

模拟电路实验箱(自带直流电源);数字万用表;双踪示波器(附探头线 2 根);函数信号发生器(附信号线 2 根);交流电压表(附测试线 2 根);微型计算机。

3.4.4 实验内容、方法及步骤

由于学时有限,要求学生必须认真预习,课前完成仿真实验的静态测试。

1. 差分放大电路的仿真

(1) 绘制仿真电路图

设定图纸信息,确定符号标准,取用元件,参照图 3.4.1 连接电路。

该软件为用户提供两种符号标准,根据要求选择一种。到相应元件库中调用元器件,合理布局、连接电路。

注:Multisim 具体使用方法可参考书后附录或其他相关资料。

---

(2) 仿真电路的静态测试

测试电路的静态工作点,记录数据并填入表 3.4.1 中。

(3) 仿真电路的动态测试

① 参照图 3.4.1,到虚拟仪器栏中调用信号源输出差模正弦电压信号,其频率 $f=1$ kHz 左右,峰 – 峰值 $U_{P-P}=30$ mV(或有效值 $U=10$ mV 左右),加入到差分放大电路的两个输入端。

② 调用 4 踪示波器观察两个输入端及两个输出端的波形、相位及放大情况。

③ 参照图 3.4.2,调用万用表分别测试输入及输出电压,根据不同测试条件,测得差分放大电路 4 种接法下的差模及共模电压放大倍数,记录数据并填入表 3.4.2 及表 3.4.3 中。

2. 差分放大电路的硬件实现

(1) 静态工作点调整

按图 3.4.3 连接电路,接通电源,在 $U_i=0$ 条件下调整电位器 R_P 使 $U_{C1}=U_{C2}$。用万用表测试 U_{C1}、U_{C2}、U_{B1}、U_{B2} 及 U_E,与仿真结果比较。

(2) 对称输入、对称输出电压放大倍数的测量

在节点 1、2 两端分别输入正弦交流电压信号:$f=500$ Hz ,$U_i=20$ mV、40 mV、60 mV、80 mV、100 mV,用交流毫伏表测量单端输出电压 U_{od1}、U_{od2} 求出差模电压放大倍数 A_d,将所测结果填入表 3.4.2 中,并观察 U_{od1}、U_{od2} 的相位关系。

(3) 单端输入、对称输出电压放大倍数的测量

将节点 2、3 两端短接,在节点 1、2 两端加输入信号,大小同上,用交流毫伏表测量单端输出电压 U_{od1}、U_{od2},求出 A_d,将所测结果填入表 3.4.3 中,并观察 U_{od1}、U_{od2} 的相位关系。

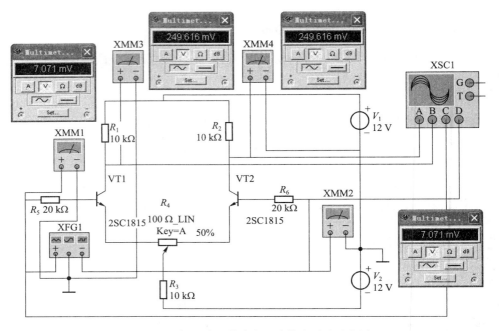

图 3.4.2　长尾式差分放大电路仿真测试示意图

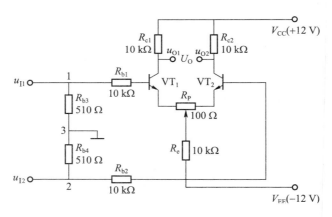

图 3.4.3　长尾式差分放大电路

（4）共模电压放大倍数的测量

将节点 1、2 两端短接，在节点 1、3 两端分别加输入信号：f =500 Hz，U_i=0.2 V、0.4 V、0.6 V、0.8 V、1 V，用交流毫伏表测量单端输出电压 U_{oc1}、U_{oc2}，求出共模电压放大倍数 A_c，将所测结果填入表 3.4.4 中，并求出共模抑制比 K_{CMR}= | A_d/A_c |。

3.4.5　实验数据表格

表 3.4.1　静态工作点测试表

测量值			计算值				
U_B/V	U_C/V	U_E/V	U_{BE}/V	U_{CE}/V	$I_B/\mu A$	I_E/mA	β

表 3.4.2　对称输入、对称输出电压放大倍数的测量

U_i/mV	20	40	60	80	100
U_{od1}/mV					
U_{od2}/mV					
$U_{od}=\|U_{od1}\|+\|U_{od2}\|$					
$A_d=U_{od}/U_i$					

表 3.4.3　单端输入对称输出电压放大倍数的测量

U_i/mV	20	40	60	80	100
U_{od1}/mV					
U_{od2}/mV					
$U_{od}=\|U_{od1}\|+\|U_{od2}\|$					
$A_d=U_{od}/U_i$					

表 3.4.4　共模电压放大倍数的测量

U_i/V	0.2	0.4	0.6	0.8	1
U_{oc1}/mV					
U_{oc2}/mV					
$U_{oc}=\|U_{oc1}\|-\|U_{oc2}\|$					
$A_c=U_{oc}/U_i$					

3.4.6　温馨提示

① 绘制仿真电路时注意元器件及仪器仪表的布局合理,线路尽量避免交叉,以免出错。

② 做硬件电路实验时应尽量选择参数匹配的三极管,且应事先调零,提高

测试数据的准确性。

③ 信号源应具有浮地双端输出功能。

电子课件—
互补对称式
功率放大电
路

3.5 功率放大电路

3.5.1 实验目的

① 熟练掌握 OCL、OTL 功率放大电路的基本原理。

② 掌握功率放大电路最大输出功率和效率的测量方法。

③ 了解功率放大电路中交越失真的产生和解决方法。

3.5.2 设计要求

1. 设计任务

(1) 设计一 OCL 音频功率放大电路,输出功率 10 W,负载阻抗 8 Ω。画出电路图,合理选择器件参数。

(2) 设计一 OTL 音频功率放大电路,输出功率 10 W,负载阻抗 8 Ω。画出电路图,合理选择器件参数。

2. 设计提示

甲乙类 OCL 功率放大电路参考如图 3.5.1 所示,OTL 功率放大电路自行设计。

功率放大电路的主要技术指标是电路的最大输出功率 P_{om} 及效率 η。

当输入电压足够大,且又不产生饱和失真时,OCL 功放电路最大不失真输出电压的有效值为

$$U_{om}=\frac{V_{CC}-U_{CES}}{\sqrt{2}}$$

则最大输出功率为

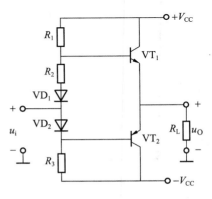

图 3.5.1 甲乙类 OCL 功率放大电路

$$P_{om} = \frac{U_{om}^2}{R_L} = \frac{(V_{CC} - U_{CES})^2}{2R_L}$$

电源在负载获得最大交流功率时所消耗的平均功率等于其平均电流与电源电压之积,其表达式为

$$P_V = \frac{2}{\pi} \cdot \frac{V_{CC}(V_{CC} - U_{CES})}{R_L}$$

因此,转换效率

$$\eta = \frac{P_{om}}{P_V} = \frac{\pi}{4} \cdot \frac{V_{CC} - U_{CES}}{V_{CC}}$$

在理想情况下,即饱和管压降可忽略不计的情况下

$$\eta = \frac{\pi}{4} \approx 78.5\%$$

应当指出,大功率管的饱和管压降常为 2~3 V,因而一般情况下都不能忽略饱和管压降。

OTL 功率放大电路自行分析。

3.5.3　实验仪器设备

模拟电路实验箱;数字万用表;双踪示波器;函数信号发生器;交流电压表;微型计算机。

3.5.4　实验内容、方法及步骤

1. OCL 功率放大电路
(1) 按设计好的电路在实验箱上接线、测试。
(2) 实验步骤自拟,要求测试工作电源、负载与输出功率的关系;研究交越失真与工作点的关系及其消除方法。
2. OTL 功率放大电路
(1) 连接电路,测试。
(2) 实验步骤自拟,要求测试工作电源、负载与输出功率的关系,并与 OCL 电路比较。

把测试数据填入自拟的表格中。

3.5.5　实验数据表格

实验数据表格自拟。

3.5.6　温馨提示

① 正确选择功率三极管,避免输出功率过大损坏器件。

② 功放电路工作在大信号状态下,注意功率管的散热。

③ 有条件情况下,可以输入音频信号,输出接音箱负载。

> **思考题**
> ① OCL、OTL 电路全名是什么? 对工作电源有何要求?
> ② 何谓交越失真? 如何消除交越失真?

电子课件—
比例运算电
路

3.6　运算电路的设计

3.6.1　实验目的

① 了解集成运算放大器的基本使用方法。

② 会用集成运放构成基本运算电路,并测试运算关系。

3.6.2　设计要求

1. 设计任务

本实验使用运放 μA741 或 LM358,双电源工作,电源电压取 V_{CC}=12 V,V_{EE}=12 V。具体要求如下:

(1) 设计反相比例、同相比例及差分运算电路。

(2) 画出电路图,合理选择器件参数。

2. 设计提示

(1) 参考电路如图 3.6.1 所示。元件参数参考值:R_f=100 kΩ,R_1=10 kΩ,R_2=10 kΩ,R_3=100 kΩ,R_L=5.1 kΩ。

(2) 集成运算放大器是一种具有高电压放大倍数的直接耦合多级放大电路。当外部接入不同的线性或非线性元器件组成输入和负反馈电路时,可以灵活地实现各种特定的函数关系。在线性应用方面,可组成比例、加法、减法、积分、微分、对数等模拟运算电路。

理想运算放大器特性:开环电压增益 A_{ud}= ∞;输入阻抗 r_i= ∞;输出阻抗 r_0=0;带宽 f_{BW}= ∞;失调与漂移均为零等。

理想运放工作在线性区时的两个重要特性:

① 输出电压 U_O 与输入电压之间满足关系式:$U_O=A_{ud}(U_+-U_-)$。由于 A_{ud}= ∞,

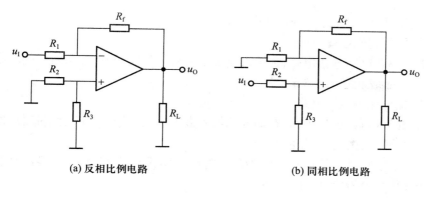

(a) 反相比例电路　　　　　　(b) 同相比例电路

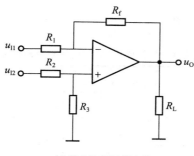

(c) 差分比例运算电路

图 3.6.1　运算放大器线性应用电路

而 U_0 为有限值,因此,$U_+ - U_- \approx 0$。即 $U_+ \approx U_-$,称为"虚短"。

② 由于 $r_i = \infty$,故流进运放两个输入端的电流可视为零,即 $I_{IB} = 0$,称为"虚断"。这说明运放对其前级吸取电流极小。

图 3.6.1 中,反相比例电路:$A_{uf} = -R_f/R_1$

同相比例电路:$A_{uf} = (1 + R_f/R_1) \times \dfrac{R_3}{R_2 + R_3}$

差分比例运算电路:$u_O = R_f/R_1\,(u_{I2} - u_{I1})$

3.6.3　实验仪器设备

模拟电路实验箱(自带直流电源);数字万用表;双踪示波器(附探头线 2 根);函数信号发生器(附信号线 2 根);交流电压表(附测试线 2 根);计算机。

3.6.4　实验内容、方法及步骤

1. 反相比例运算

按图 3.6.1(a)连接电路,在输入端加入直流电压信号 U_1,测量对应的输出电

压 U_0 值,把结果记入表 3.6.1 中。

2. 同相比例运算

按图 3.6.1(b)连接电路,在输入端加入直流电压信号 U_I,测量对应的输出电压 U_0 值,把结果记入表 3.6.1 中。

3. 差分比例运算电路

按图 3.6.1(c)连接电路,在输入端加入直流电压信号 U_{I1}、U_{I2},测量对应的输出电压 U_0 值,把结果记入表 3.6.2 中。

4. 实现模拟运算:$U_0=3U_{I1}-4U_{I2}$。选定电路设计方案,确定电路参数,用 Multisim 仿真分析所设计的电路。

3.6.5 实验数据表格

表 3.6.1 反相比例、同相比例电路测试表

	U_I/V	0.3	0.5	0.7	1.0	1.1	1.2
反相比例	实测 U_0/V						
	理论 U_0/V						
	放大倍数 A_{uf}						
同相比例	实测 U_0/V						
	理论 U_0/V						
	放大倍数 A_{uf}						

表 3.6.2 差分比例运算电路测试表

U_{I1}/V	0.2	0.5	0.3	0.6	0.8	0.7	1.2
U_{I2}/V	0.4	0.3	0.6	0.8	0.4	1.0	1.0
实测 U_0/V							
理论 U_0/V							

3.6.6 温馨提示

① 运放工作电源极性不能接反,否则损坏器件。

② 若使用 μA741 运放,注意调零、消振。

③ 注意共模输入信号不能过大,否则造成运放出现阻塞及损坏。

3.7 加法、积分运算电路

3.7.1 实验目的

① 研究由集成运算放大器组成加法和积分等基本运算电路的功能。
② 了解运算放大器在实际应用时应考虑的一些问题。

3.7.2 设计要求

1. 设计任务
(1) 设计加法运算及积分运算电路。
(2) 画出电路图,合理选择器件参数。
2. 设计提示

反相加法运算参考电路如图 3.7.1 所示。元件参数参考值: R_f=100 kΩ , R_1=R_2=10 kΩ , R_4=5 kΩ , R_L=5.1 kΩ 。

积分运算参考电路如图 3.7.2 所示。元件参数参考值: R_1=100 kΩ , R_2=1 MΩ , R_3=100 kΩ , C=10 μF 。

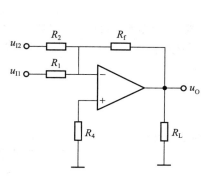

图 3.7.1 反相加法运算参考电路

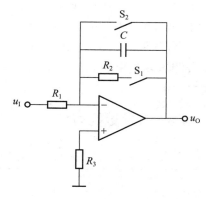

图 3.7.2 积分运算参考电路

图 3.7.1 中，$u_0=-\left(\dfrac{R_f}{R_1}u_{I1}+\dfrac{R_f}{R_2}u_{I2}\right),R_4=R_1 /\!/ R_2 /\!/ R_f$

图 3.7.2 中，$u_0(t)=-\dfrac{1}{R_1C}\displaystyle\int_0^t u_1\mathrm{d}t+u_C(0)$

式中，$u_C(0)$ 是 $t=0$ 时刻电容 C 两端的电压值，即初始值。

S_2 的设置一方面为积分电容放电提供通路，同时可实现积分电容初始电压 $u_C(0)=0$，另一方面，可控制积分起始点，即在加入信号 u_1 后，只要 S_2 一打开，电容就将被恒流充电，电路也就开始进行积分运算。

3.7.3　实验仪器设备

模拟电路实验箱(自带直流电源)；数字万用表；双踪示波器(附探头线 2 根)；函数信号发生器(附信号线 2 根)；交流电压表(附测试线 2 根)。

3.7.4　实验内容、方法及步骤

1. 反相加法运算电路

按图 3.7.1 连接实验电路。输入信号采用直流信号，若实验箱中直流信号源路数不够，可自行扩展。图 3.7.3 所示电路为简易可调直流信号源，由实验者自行完成。实验时要注意选择合适的直流信号幅度以确保集成运放工作在线性区。用直流电压表测量输入电压 u_{I1}、u_{I2} 及输出电压 u_0，记入表 3.7.1 中。

2. 积分运算电路

按图 3.7.2 在实验箱上接线。

(1) 打开 S_2，闭合 S_1，对运放输出进行调零。

(2) 调零完成后，再打开 S_1，闭合 S_2，使 $u_C(0)=0$。

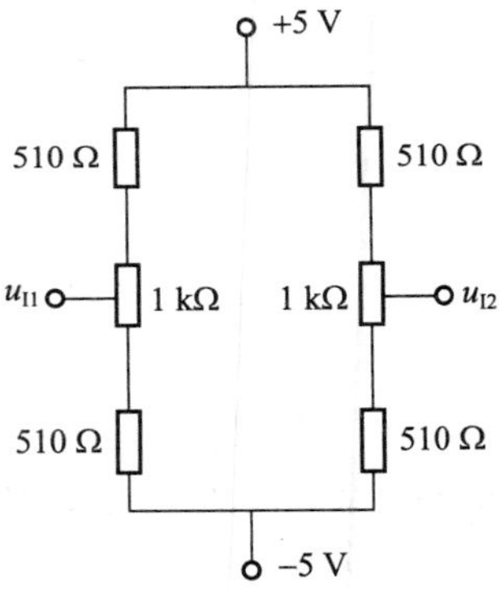

图 3.7.3　简易可调直流信号源(参考)

(3) 预先调好直流输入电压 $u_1=0.5$ V，接入实验电路，再打开 S_2，然后用直流电压表测量输出电压 u_0，每隔 5 s 读一次 u_0，记入表 3.7.2 中，直到 u_0 不继续明显增大为止。

3.7.5　实验数据表格

表 3.7.1　反相加法运算电路测试表

u_{I1}/V				
u_{I2}/V				
u_0/V				

表 3.7.2 积分运算电路测试表

t/s	0	5	10	15	20	25	30	……
u_o/V								

3.7.6 温馨提示

① 切忌运放的正、负电源极性接反和输出端短路,否则将会损坏运放。

② 积分电路输出波形也可以用示波器测试,自行研究其波形转换功能。

③ 求和电路可输入两路同频、不同波形的交流信号,研究其波形叠加特性。

思考题

① 积分电路输入方波信号输出可以转换成哪几种波形?

② 分析讨论实验中出现的现象和问题。

3.8 有源滤波电路的设计与应用

3.8.1 实验目的

① 掌握各种滤波电路及特点。

② 熟悉滤波电路的设计及测试方法。

3.8.2 设计要求

1. 设计任务

按要求分别设计有源二阶低通、高通、带通、带阻滤波电路并测试其频率特性。使用单运放 LM741,电源电压 V_{CC}=12 V,$-V_{EE}$=−12 V。画出电路图,合理选择器件参数并测试。

2. 设计提示

参考电路如图 3.8.1 所示(图内元件参数可依据实验箱自行调整)。

由 RC 元件与运算放大器组成的滤波器称为 RC 有源滤波器,其功能是让一定频率范围内的信号通过,抑制或急剧衰减此频率范围以外的信号。可用在信息处理、数据传输、抑制干扰等方面,但因受运算放大器频带限制,这类滤波器主要用于低频范围。根据对频率范围的选择不同,可分为低通(LPF)、高通(HPF)、带通(BPF)与带阻(BEF)四种滤波器,它们的幅频特性如图 3.8.2 所示。

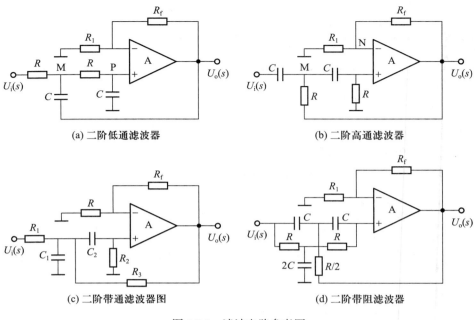

(a) 二阶低通滤波器   (b) 二阶高通滤波器

(c) 二阶带通滤波器图   (d) 二阶带阻滤波器

图 3.8.1 滤波电路参考图

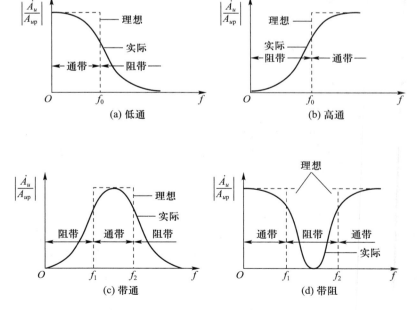

(a) 低通   (b) 高通

(c) 带通   (d) 带阻

图 3.8.2 四种滤波电路的幅频特性示意图

（1）低通滤波器（LPF）

低通滤波器是用来通过低频信号衰减或抑制高频信号。

它由两级 RC 滤波环节与同相比例运算电路组成,图 3.8.1（a）中第一级电容 C 接至输出端,引入适量的正反馈,以改善幅频特性。

电路性能参数

$A_{up}=1+\dfrac{R_f}{R_1}$ 二阶低通滤波器的通带增益

$f_0=\dfrac{1}{2\pi RC}$ 截止频率,它是二阶低通滤波器通带与阻带的界限频率

$Q=\dfrac{1}{3-A_{up}}$ 品质因数,它的大小影响低通滤波器在截止频率处幅频特性的形状

（2）高通滤波器（HPF）

与低通滤波器相反,高通滤波器用来通过高频信号,衰减或抑制低频信号。

只要将图 3.8.1（a）电路中起滤波作用的电阻、电容互换,即可变成二阶有源高通滤波器,如图 3.8.1（b）所示。

（3）带通滤波器（BPF）

这种滤波器的作用是只允许在某一个通频带范围内的信号通过,而比通频带下限频率低和比上限频率高的信号均加以衰减或抑制。

（4）带阻滤波器（BEF）

如图 3.8.1（d）所示,电路的性能和带通滤波器相反,即在规定的频带内,信号不能通过（或受到很大衰减或抑制）,而在其余频率范围,信号则能顺利通过。

3.8.3　实验仪器设备

模拟电路实验箱（自带直流电源）;数字万用表;交流毫伏表;函数信号发生器（附信号线 2 根）;微型计算机。

3.8.4　实验内容、方法及步骤

注:此实验可以通过硬件电路在实验箱实现,也可以在计算机上仿真实现。

1. 低通滤波器

（1）粗测:接通 ±12 V 电源。u_i 接函数信号发生器,令其输出为 $U_i=1$ V

的正弦波信号,在滤波器截止频率附近改变输入信号频率,用示波器或交流毫伏表观察输出电压幅度的变化是否具备低通特性,如不具备,应排除电路故障。

(2) 在输出波形不失真的条件下,选取适当幅度的正弦输入信号,在维持输入信号幅度不变的情况下,逐点改变输入信号频率。测量输出电压,记入表3.8.1中,描绘频率特性曲线。

2. 高通滤波器

测试步骤同1。

3. 带通滤波器

(1) 实测电路的中心频率 f_0。

(2) 以实测中心频率为中心,测绘电路的幅频特性,测试数据填入表3.8.1中,绘出其频率特性曲线。

4. 带阻滤波器

(1) 实测电路的中心频率 f_0。

(2) 测绘电路的幅频特性,记入表3.8.1中。

5. 设计一截止频率为2 kHz,通带增益为10的一阶低通滤波器。设计电路图,选择元器件并计算理论值,用Multisim仿真。

3.8.5　实验数据表格

表 3.8.1　四种滤波电路测试数据

低通滤波	f(Hz)							
	U_o(V)							
高通滤波	f(Hz)							
	U_o(V)							
带通滤波	f(Hz)							
	U_o(V)							
带阻滤波	f(Hz)							
	U_o(V)							

3.8.6　温馨提示

① 有条件可使用扫频仪测试滤波电路的频率特性曲线。

② 用点频法测试需先估算截止频率,在截止频率附近应多测试几组数据。

③ 为易于测试幅频特性,通带放大倍数可适当大一些。

3.9 电压比较器

3.9.1 实验目的

① 熟悉电压比较器的电路构成、特点及用途。
② 掌握测试电压比较器的方法,并学习电压比较器的设计。

3.9.2 设计要求

1. 设计任务

(1) 按要求设计电压比较器电路。

(2) 画出电路图,合理选择器件参数,测试并画出电压传输特性曲线。

2. 设计提示

电压比较器是集成运放非线性应用电路,它是对输入信号进行鉴幅和比较的电路,是组成非正弦波发生电路的基本单元电路,在测量和控制中有着相当广泛的应用。常见的电压比较器有三种:单限比较器、滞回比较器、窗口比较器。

(1) 过零比较器

过零比较器阈值电压 $U_T = 0$ V,是单限比较器的一种。电路如图 3.9.1 所示,运放工作在开环状态,电路的输出端加电阻和稳压管分别进行限流和限幅。

当输入电压 $u_I < 0$ V 时,$u_O = +U_Z$;当 $u_I > 0$ V 时,$u_O = -U_Z$。

(2) 反相滞回比较器

滞回比较器有两个阈值电压,输入电压 u_I 从小变大过程中使输出电压 u_O 产生跃变的阈值电压 U_{T1},不等于输入电压 u_I 从大变小过程中使输出电压产生跃变的阈值电压 U_{T2},电路具有滞回特性。

反相滞回比较器的电路如图 3.9.2 所示。图中,$u_O = \pm U_Z$。运放反相输入端电位 $u_N = u_I$,同相输入端电位 $u_P = \dfrac{R_3}{R_3 + R_f} U_Z$。

令 $u_N = u_P$,求出的 u_I 就是阈值电压,因此得出:$\pm U_T = \pm \dfrac{R_3}{R_3 + R_f} U_Z$

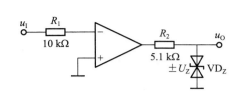

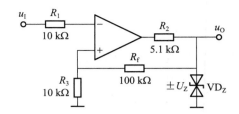

图 3.9.1　过零比较器　　　　　　　图 3.9.2　反相滞回比较器

（3）同相滞回比较器

同相滞回比较器的电路如图 3.9.3 所示,根据电压传输特性可知,输入电压作用于同相输入端,$u_O=\pm U_Z$。求解阈值电压表达式为:

$$u_P=\frac{R_f}{R_1+R_f}\,u_I+\frac{R_1}{R_1+R_f}\,u_O=u_N=0,\text{解得 } \pm U_T=\pm\,\frac{R_1}{R_f}\,U_Z$$

（4）窗口电压比较器

窗口电压比较器电路如图 3.9.4 所示,外加参考电压 $U_{RH}>U_{RL}$,当输入电压 $u_I>U_{RH}$ 时,VD_1 导通,$u_O=+U_{OM}$;当输入电压 $u_I<U_{RL}$ 时,VD_2 导通,$u_O=+U_{OM}$;当 $U_{RL}<u_I<U_{RH}$ 时,VD_1、VD_2 均截止,$u_O=0$。

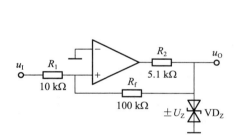

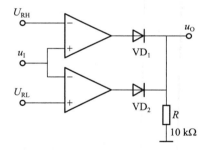

图 3.9.3　同相滞回比较器　　　　　图 3.9.4　窗口电压比较器

3.9.3　实验仪器设备

模拟电路实验箱(自带直流电源);数字万用表;双踪示波器(附探头线 2 根);函数信号发生器(附信号线 2 根);交流电压表(附测试线 2 根)。

3.9.4　实验内容、方法及步骤

1. 过零比较器

参照图 3.9.1 在实验箱上接线,自拟表格进行如下测试。

（1）测量 u_I 悬空时的 u_O。

（2）输入幅值 $u_I=1$ V、频率 $f=500$ Hz 的正弦波,观测 u_I、u_O 波形并记录。

72

（3）改变 u_I 幅值，观察 u_O 变化。

2. 反相滞回比较器

参照图 3.9.2 接线，自拟表格进行如下测试。

（1）u_I 接 ± 5 V 可调直流电源，调输入电压测出 u_O 由 $+U_{OM} \rightarrow -U_{OM}$ 时的 u_I 临界值。

（2）u_I 接 ± 5 V 可调直流电源，调输入电压测出 u_O 由 $-U_{OM} \rightarrow +U_{OM}$ 时的 u_I 临界值。

（3）输入幅值为 1 V、频率为 500 Hz 的正弦波，观察 u_I、u_O 波形并记录。

（4）将电路中的 R_f 调为 200 kΩ，输入幅值为 1 V、频率为 500 Hz 的正弦波，观察 u_I、u_O 波形并记录，并与（3）的波形进行比较和分析。

3. 同相滞回比较器（选做）

同步骤 2。

4. 窗口电压比较器

参照图 3.9.4 接线，自行设置参考电压值，测试并画出电压传输特性曲线。

5. 比较器在报警电路中的应用

设计一电压越限报警电路并测试。要求当电压大于 5 V 或小于 1 V 时电路发出报警信号。

3.9.5 实验数据表格

将实验结果填入表 3.9.1 中。

表 3.9.1 参 考 表 格

输入电压 /V					
输出电压 /V					
阈值电压 /V					

注：以上表格为参考，其他表格根据需要自行设计。

3.9.6 温馨提示

① 实验前估算比较器的阈值电压，测试时在阈值电压附近适当增加测试数据组数，以提高测试传输特性的准确性。

② 研究滞回特性比较器波形转换时，需注意输入信号的幅值应在合适范围。

③ 设计报警电路时，负载可使用发光管、扬声器等。

电子课件——
RC 正弦波
振荡电路

3.10　正弦波振荡电路

3.10.1　实验目的

① 熟悉 *RC* 桥式正弦波振荡电路的电路构成及参数测试方法。
② 掌握波形发生器的设计与调试方法。

3.10.2　设计要求

1. 设计任务

设计一 *RC* 桥式正弦波振荡电路,画出电路图,合理选择电路参数测试。

2. 设计提示

RC 桥式正弦波振荡器(文氏电桥振荡器)
参考电路如图 3.10.1 所示。图中 *RC* 串、并联
电路构成正反馈支路,同时兼作选频网络,R_1、
R_2、R_P 及二极管等元件构成负反馈和稳幅环
节。调节电位器 R_P,可以改变负反馈深度,以
满足振荡的振幅条件和改善波形。利用两个
反向并联二极管 VD_1、VD_2 正向电阻的非线性
特性来实现稳幅。VD_1、VD_2 采用硅管(温度稳
定性好),且要求特性匹配,才能保证输出波形
正、负半周对称。

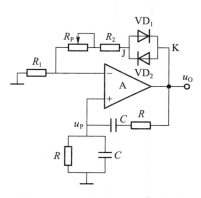

图 3.10.1　*RC* 桥式正弦波振荡器

元件参数参考值:$R=10\ \text{k}\Omega$,$R_1=10\ \text{k}\Omega$,$R_2=15\ \text{k}\Omega$,$R_P=10\ \text{k}\Omega$,$C=0.01\ \mu\text{F}$

电路的振荡频率:$f_0=\dfrac{1}{2\pi RC}$;起振的幅值条件:$\dfrac{R_\text{f}}{R_1}\geqslant 2$

式中 $R_\text{f}=R_P+R_2+r_\text{D}$,$r_\text{D}$ 为二极管正向导通电阻。

调整反馈电阻 R_f(调 R_P),使电路起振,且波形失真最小。如不能起振,则说
明负反馈太强,应适当加大 R_f。如波形失真严重,则应适当减小 R_f。

改变选频网络的参数 C 或 R,即可调节振荡频率。一般采用改变电容 C 作
频率量程切换,而调节 R 作量程内的频率细调。

3.10.3　实验仪器设备

模拟电路实验箱(自带直流电源);数字万用表;双踪示波器(附探头线 2 根);低频函数信号发生器(附信号线 2 根);交流电压表(附测试线 2 根)。

3.10.4　实验内容、方法及步骤

1. *RC* 桥式正弦波振荡器

参照图 3.10.1 在实验箱上连接电路。

(1) 调节电位器 R_P,使输出波形从无到有,从正弦波到出现失真。描绘 u_O 的波形,记下临界起振、正弦波输出及失真情况下的 R_P 值,分析负反馈强弱对起振条件及输出波形的影响。

(2) 调节电位器 R_P,使输出电压 u_O 幅值最大且不失真,用交流毫伏表分别测量输出电压 u_O、反馈电压 U^+ 和 U^-,分析研究振荡的幅值条件。

(3) 用示波器或频率计测量振荡频率 f_0,然后在选频网络的两个电阻 R 上并联同一阻值电阻,观察记录振荡频率的变化情况,并与理论值进行比较。

(4) 短接二极管 VD_1、VD_2,重复步骤(2)的内容,并比较测试结果,分析二极管的稳幅作用。

(5) *RC* 串并联网络幅频特性观察。将 *RC* 串并联网络与运放断开,由函数信号发生器注入 3 V 左右正弦信号,并用双踪示波器同时观察 *RC* 串并联网络输入、输出波形。保持输入幅值(3 V)不变,从低到高改变频率,当信号源达某一频率时,*RC* 串并联网络输出将达最大值(约 1 V),且输入、输出同相位。此时的信号源频率 $f=f_0=\dfrac{1}{2\pi RC}$。

2. 波形变换电路(选做)

(1) 把正弦波转换成方波(矩形波),自行设计电路并测试。

(2) 把方波转换成三角波(锯齿波),自行设计电路并测试。

3.10.5　实验数据表格

将实验结果填入表 3.10.1 中。

表 3.10.1　*RC* 桥式正弦波振荡电路测试表

振荡频率	振荡波形幅值	振荡波形

3.10.6 温馨提示

① 为方便调节频率,*RC* 电路可使用双联可调电容。
② 为方便调节输出电压,输出端可使用双向稳压管、电阻分压电路。
③ 为保证电路稳定振荡,R_P 值应适当调大一点,避免电路停振。

思考题
① 为什么在 *RC* 正弦波振荡电路中要引入负反馈支路? 为什么要增加二极管 VD_1 和 VD_2?
② 怎样测量非正弦波电压的幅值?

3.11 非正弦波发生电路

3.11.1 实验目的

① 学习用集成运放构成方波和三角波发生器。
② 学习波形发生器的调整和主要性能指标的测试方法。

3.11.2 设计要求

1. 设计任务
设计方波及三角波发生电路。画出电路图,合理选择器件参数并测试。

2. 设计提示
由集成运放构成的方波发生器和三角波发生器,一般均包括比较器和 *RC* 积分器两大部分。图 3.11.1 所示为由滞回比较器及简单 *RC* 积分电路组成的方波—三角波发生器。它的特点是线路简单,但三角波的线性度较差。主要用于产生方波,或对三角波要求不高的场合。

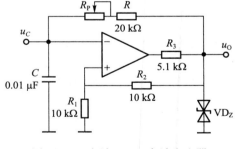

图 3.11.1 方波——三角波发生器

电路振荡频率 $\quad f_0 = \dfrac{1}{2\,(R+R_P)C\ln\left(1+\dfrac{2R_2}{R_1}\right)}$

方波输出幅值　$U_{\mathrm{Om}}=\pm U_Z$；三角波输出幅值　$U_{\mathrm{Cm}}=\dfrac{R_1}{R_1+R_2}U_Z$。

改变 R_2/R_1，可以改变振荡频率，但三角波的幅值也随之变化。如要互不影响，则可通过改变 R_P（或 C）来实现振荡频率的调节。

图 3.11.2 所示为由滞回比较器和积分器首尾相接形成正反馈闭环系统，则比较器 A_1 输出的方波经积分器 A_2 积分可得到三角波，三角波又触发比较器自动翻转形成方波，这样即可构成三角波、方波发生器。由于采用运放组成的积分电路，因此可实现恒流充电，使三角波线性大大改善。

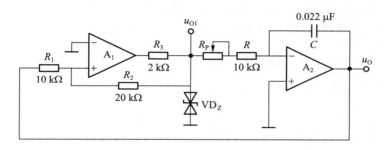

图 3.11.2　三角波、方波发生器

电路振荡频率　$f_0=\dfrac{R_2}{4R_1(R+R_P)C}$。

方波幅值　$U_{\mathrm{O1m}}=U_Z$；　三角波幅值　$U_{\mathrm{Om}}=\dfrac{R_1}{R_2}U_Z$。

调节 R_P 可以改变振荡频率，改变比值 R_1/R_2 可调节三角波的幅值。

3.11.3　实验仪器设备

模拟电路实验箱（自带直流电源）；数字万用表；双踪示波器（附探头线 2 根）；低频函数信号发生器（附信号线 2 根）；交流电压表（附测试线 2 根）；微型计算机。

3.11.4　实验内容、方法及步骤

注：本实验也可以通过仿真完成，以下给出硬件电路实现的实验步骤。

1. 方波发生器

参照图 3.11.1 连接实验电路。

（1）将电位器 R_P 调至中心位置，用双踪示波器观察并描绘方波 u_0 及三角波 u_c 的波形（注意对应关系），测量其幅值及频率，记录之。

（2）改变 R_P 动点的位置，观察 u_O、u_C 幅值及频率变化情况。把动点调至最上端和最下端，测出频率范围，记录之。

（3）将 R_P 恢复至中心位置，将一只稳压管短接，观察 u_O 波形，分析 VD_Z 的限幅作用。

2. 三角波和方波发生器

参照图 3.11.2 连接实验电路。

（1）将电位器 R_P 调至合适位置，用双踪示波器观察并描绘三角波输出 u_O 及方波输出 u_{O1}，测其幅值、频率及 R_P 值，记录之。

（2）改变 R_P 的位置，观察对 u_O、u_{O1} 幅值及频率的影响。

（3）改变 R_1（或 R_2），观察对 u_O、u_{O1} 幅值及频率的影响。

3.11.5　实验数据表格

将实验结果填入表 3.11.1 中。

表 3.11.1　参 考 表 格

振荡频率	振荡波形幅值	振荡波形

3.11.6　温馨提示

① 可在负反馈回路增加两个二极管，以控制对积分电容的充放电时间，从而控制输出波形的占空比。

② 输出信号频率不宜过低，因此定时元件 R、C 取值不要太大。

③ 可根据情况增加调频、调压电路。

思考题

① 通常非正弦波发生电路有哪几种电路构成？

② 哪些电路具有波形变换功能，如何变换？

3.12　直流电源（整流、滤波、稳压电路）

3.12.1　实验目的

① 熟悉半波整流与桥式整流的特点。

电子课件——
直流电源

② 了解稳压电路的组成及稳压的目的。

3.12.2　设计要求

1. 设计任务

设计直流电源电路。画出电路图,合理选择器件参数并测试。

2. 设计提示

参考电路如图 3.12.1~ 图 3.12.5 所示。

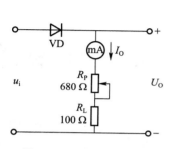

图 3.12.1　半波整流电路

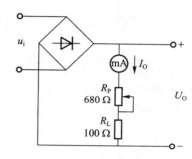

图 3.12.2　桥式整流电路

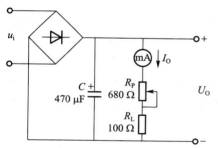

图 3.12.3　桥式整流电容滤波电路

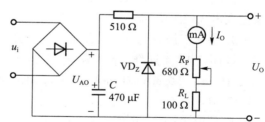

图 3.12.4　稳压二极管稳压电路

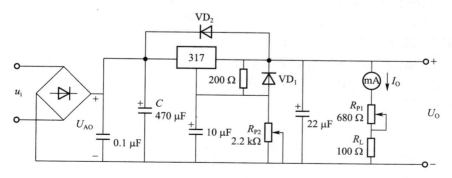

图 3.12.5　三端可调稳压电路

半波整流时:$U_{O(AV)}=0.45\,U_i$;桥式整流时:$U_{O(AV)}=0.9\,U_i$;

桥式整流、电容滤波:$U_{O(AV)}=1.2\,U_i$

3.12.3　实验仪器设备

模拟电路实验箱(自带直流电源);数字万用表;双踪示波器(附探头线 2根);低频函数信号发生器(附信号线 2根);交流电压表(附测试线 2根);微型计算机。

3.12.4　实验内容、方法及步骤

注:本实验也可以通过仿真实现,以下给出硬件电路实现的实验步骤。

1. 半波整流与桥式整流电路的测试

分别按图 3.12.1 和图 3.12.2 连线,输入端接入 14 V 正弦交流电压,调整 R_P 使 $I_{O(AV)}=50$ mA,测出 $U_{O(AV)}$,同时用示波器观察输出波形,记入表 3.12.1 中。比较两种整流电路的特点。

2. 电容滤波电路的测试

按图 3.12.3 连线,测量此时输出电压与输出电流,与步骤 1 对比,把测量结果记入表 3.12.1 中。

3. 稳压二极管构成的稳压电路的研究

按图 3.12.4 连线,输入端接入 14 V 正弦交流电压,调整 R_P 使 $I_{O(AV)}$ 分别为 10 mA、15 mA、20 mA,分别测出对应的 U_{AO}、$U_{O(AV)}$,实验数据记入表 3.12.2 中。

4. 研究可调三端稳压器的应用电路

(1) 按图 3.12.5 连线,输入端接入 14 V 正弦交流电压,调整 R_{P2} 测出输出电压调节范围,记入表 3.12.3 中。

(2) 调整 R_{P2} 使输出电压为 10 V,调整 R_{P1} 使输出电流为 0 mA、50 mA、100 mA,分别测出对应的 U_O,记入表 3.12.3 中。

(3) 输入端接 16 V 正弦交流电压,调整 R_{P2} 使输出电压为 10 V,再调整 R_{P1} 使输出电流为 100 mA。然后只改变输入电压值,测量输出电压,记入表 3.12.3 中。

3.12.5　实验数据表格

表 3.12.1　半波、桥式整流及电容滤波电路测试表

	U_i/V	$U_{O(AV)}$/V	$I_{O(AV)}$/mA	u_O 波形
半波				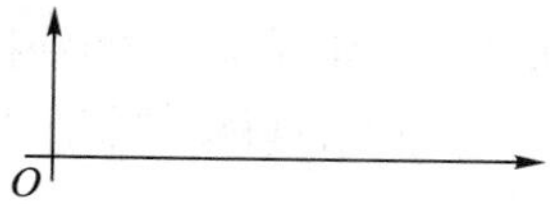
桥式 （无电容）				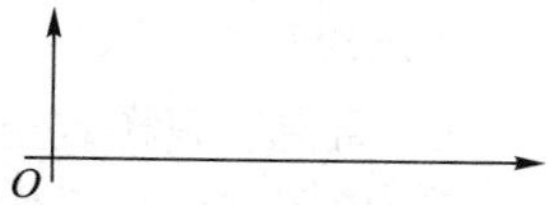
桥式 （有电容）				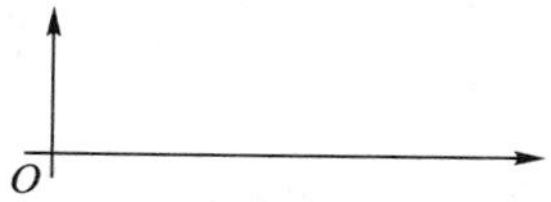

表 3.12.2　硅稳压管稳压电路测试表

$I_{O(AV)}$/mA	U_i/V	U_{AO}/V	$U_{O(AV)}$/V	u_{AO} 波形	u_O 波形
10				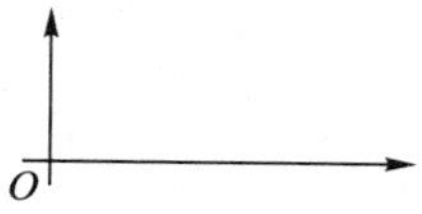	
15				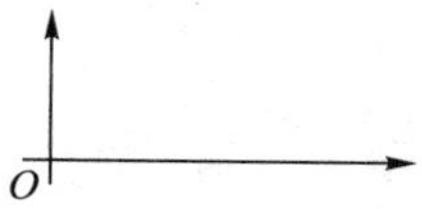	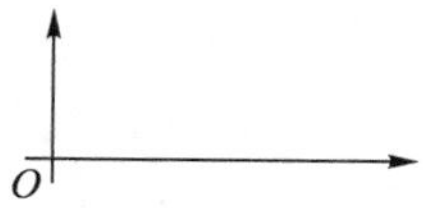
20				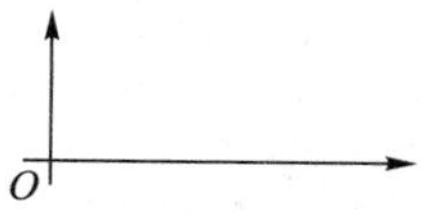	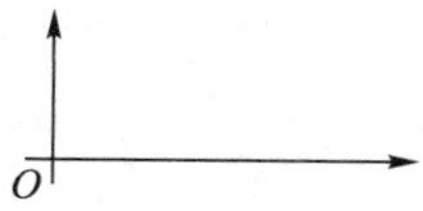

表 3.12.3　三端可调稳压电路测试表

输出电压 /V	输入电压 /V			电流 /mA		
	U_i=14	U_i=16	U_i=18	$I_{O(AV)}$=0	$I_{O(AV)}$=50	$I_{O(AV)}$=100
$U_{O(AV)}(R_{P2max})$						
$U_{O(AV)}(R_{P2min})$						
$U_{O(AV)}$						

3.12.6 温馨提示

① 根据负载大小,估算整流二极管的最大整流电流及反向击穿电压,合适选择整流二极管,防止损坏。

② 根据输出电压及负载电流正确选择稳压二极管与集成三端稳压器,避免过电压、过电流造成器件损坏。

③ 根据具体情况适当调整稳压管的限流电阻值。

思考题

① 简要回答桥式整流电路的特点。

② 稳压二极管工作在哪个区? 使用中应注意哪些问题?

第4章
数字电子技术基础实验

4.1 TTL 门电路的功能测试及应用

4.1.1 实验目的

① 熟悉 TTL 集成逻辑门电路的功能和器件的使用规则。
② 掌握基本 TTL 门的逻辑功能测试方法。
③ 熟悉逻辑函数表达式之间转换的方法,会用指定器件实现该函数。
④ 学会用基本 TTL 门电路实现简单功能电路。

4.1.2 实验仪器、器件及材料

双踪示波器(附探头线 2 根),数字万用表(附表笔 1 副),数字电子实验箱(附导线若干),四 –2 输入**与非**门 74LS00,四 –2 输入**或非**门 74LS02,四 –2 输入**异或**门 74LS86。各集成芯片管脚分配图如图 4.1.1 所示。

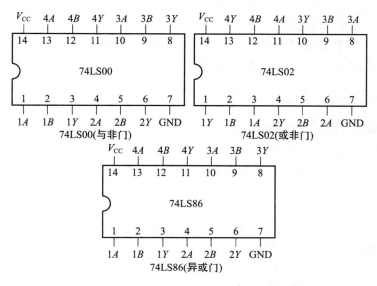

图 4.1.1 74LS00、74LS02 和 74LS86 的管脚图

4.1.3 设计要求

1. 设计任务

（1）用 74LS00 分别组成**或非**门和**异或**门，画出电路图，接线并测试。

（2）用 74LS00 设计一逻辑电路，画出电路图，接线并测试。

2. 设计提示

与非门，**或非**门和**异或**门逻辑符号如图 4.1.2 所示。**与非**门逻辑功能：输入均为高电平时输出低电平，否则输出高电平。**或非**门逻辑功能：输入均为低电平时输出高电平，否则输出低电平。**异或**门逻辑功能：输入不同时，输出高电平，否则输出低电平。

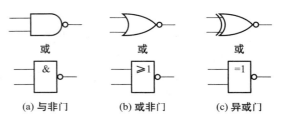

图 4.1.2　**与非**门，**或非**门和**异或**门的逻辑符号

通常在一片集成电路器件内部有多个同类型的门电路，利用德·摩根定理将逻辑函数表达式变换成使用尽可能少的门电路种类和集成电路数量的形式，具有一定实际意义。其中**与非 – 与非**式只用到了**与非**门，而且任何逻辑函数式都有其最简**与或**表达式，而最简**与或**式只需两次求反，然后应用德·摩根定理即可转换为**与非 – 与非**式。

例如：已知**异或**函数式 $Y=AB'+A'B$，对其进行两次求反得 $Y=((AB'+A'B)')'$，应用德·摩根定理得到其**与非 – 与非**式 $Y=((AB')'\cdot(A'B)')'$。

4.1.4　实验内容、方法及步骤

实验前熟悉实验箱的使用方法，选择实验用的集成电路，按自己设计的实验接线图接好连线，特别注意 V_{CC} 及地线正确连接方法。线接好后经实验指导老师检查无误后方可通电实验。

1. 与非门逻辑功能测试

（1）取 1 片 74LS00 插入 14 针 IC 插座，V_{CC} 接 5 V 电源，GND 接地，输入端（引脚 1、引脚 2）接逻辑电平开关输出插口中任意两个，输出端（引脚 3）接逻辑电平显示发光二极管任意一个。

（2）变换逻辑电平开关，分别获得两输入信号的所有组合状态，即 "00、01、10、11"（1 表示高电平，0 表示低电平），测量对应的输出电平，将输出逻辑状态

填入**与非门**测试表格 4.1.1 中。

表 4.1.1　与非门测试表格

输入		输出
引脚 1	引脚 2	引脚 3
0	0	
0	1	
1	0	
1	1	

（3）测量电压传输特性曲线

测量原理图如图 4.1.3 所示，调节电位器 R_P（可根据实际情况选用其他阻值电位器），使门电路的输入电压 v_I 从 0 V 逐渐增加到 5 V，同时用万用表测出若干组对应的输入电压 v_I 和输出电压 v_O 的值，填入表 4.1.2 中。根据表

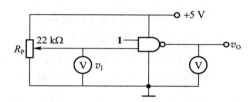

图 4.1.3　电压传输特性曲线测试电路

4.1.2 中测得的电压值在实验报告上绘制电压传输特性曲线。

表 4.1.2　电压传输特性曲线测量值

v_I/V	0.2	0.5	0.9	1.1	1.3	1.4	1.5	1.7	2.0	2.4	2.8	3.0	3.3	3.6	4.0
v_O/V															

2. **或非门**逻辑功能测试

（1）取 1 片 74LS02 插入 14 针 IC 插座，接好电源和地，输入端（引脚 3、引脚 2）接逻辑电平开关输出插口中任意两个，输出端（引脚 1）接逻辑电平显示发光二极管任意一个。

（2）变换逻辑电平开关，获得所有输入电平组合即 "00、01、10、11"，观察对应输出电平变化情况，将结果填入真值表 4.1.3 中。

3. **异或门**逻辑功能测试

（1）取 1 片 74LS00 插入 14 针 IC 插座，V_{CC} 接 5 V 电源，GND 接地，输入端（引脚 1、引脚 2）接逻辑电平开关输出插口中任意两个，输出端（引脚 3）接逻辑电平显示发光二极管任意一个。

（2）变换逻辑电平开关，分别测量对应的输出电平，将测试结果填入真值表 4.1.4 中。

表 4.1.3	或非门测试表格		表 4.1.4	异或门测试表格	
输入		输出	输入		输出
引脚 2	引脚 3	引脚 1	引脚 1	引脚 2	引脚 3
0	0		0	0	
0	1		0	1	
1	0		1	0	
1	1		1	1	

4. 用与非门 74LS00 实现给定逻辑电路并测试

（1）组成或非门

用 74LS00 组成或非门（提示 $Y=(A+B)'=A'B'=((A'B')')'$），画出电路图，参照表 4.1.3 测试其逻辑功能。

（2）用 74LS00 实现图 4.1.4 电路的功能

① 在电路板（面包板）上搭接电路，开关可以用导线的接通和断开取代，灯 Y 可以用发光二极管，变换开关 A、B、C 的通断，分别使各开关处于闭合和断开不同的组合状态，观测灯的亮、灭情况，并将灯的"亮""灭"记录在表 4.1.5 中的对应位置。

② 根据测得的表 4.1.5 分析电路逻辑功能，开关闭合、灯亮用高电平 1 表示，开关断开、灯灭用低电平 0 表示，填入表 4.1.6 中，得到对应的真值表，写出逻辑函数式并转换为与非 – 与非形式。

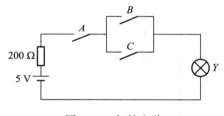

图 4.1.4　灯控电路

表 4.1.5	灯控电路功能表			表 4.1.6	灯控电路真值表		
A	B	C	Y	A	B	C	Y
断开	断开	断开		0	0	0	
断开	断开	闭合		0	0	1	
断开	闭合	断开		0	1	0	
断开	闭合	闭合		0	1	1	
闭合	断开	断开		1	0	0	
闭合	断开	闭合		1	0	1	
闭合	闭合	断开		1	1	0	
闭合	闭合	闭合		1	1	1	

③ 画出逻辑电路图,在实验箱上接好电路,对照表 4.1.6 测试其逻辑功能。

(3) 用 74LS00 实现三人表决电路

三人 A、B、C 当中有两人或两人以上同意时,表决结果 Y 为通过,否则表决结果 Y 为没通过,A 有一票否决权。1 表示同意,表决结果通过;0 表示不同意,表决结果没通过。设计电路,将函数表达式转换成与非 – 与非式,在实验箱上用 74LS00 实现,测试其功能。

4.1.5 温馨提示

① 注意芯片方向标记、引脚排列,放置到芯片座上时方向不能错,电源与接地端不能接错,否则造成芯片损坏。

② 实验中改动接线须先断开电源,接好线后再接通电源进行测试。

③ 在门电路阈值电平附近应多测试几组数据。

④ 注意芯片多余输入端的处理。TTL 门电路的闲置端允许悬空处理,中规模以上电路和 CMOS 电路不允许悬空。

> **思考题**
> ① 与非门的一个输入端接连续脉冲,其余端什么状态时允许脉冲通过? 什么状态时禁止脉冲通过?
> ② 根据对 TTL 门电路的测试,了解和比较 CMOS 门电路的特点,说明 CMOS 门电路在使用中与 TTL 门电路的区别。

4.2 组合逻辑电路(一)

4.2.1 实验目的

① 熟练掌握用门电路设计组合逻辑电路的方法。

② 掌握二进制译码器 74LS138 的原理与应用方法。

③ 通过实验论证设计的正确性。

4.2.2 实验用仪器设备及材料

数字万用表,数字电子实验箱,四 –2 输入与非门 74LS00,二 –4 输入与非门 74LS20,3 线 –8 线译码器 74LS138。74LS20 和 74LS138 的管脚排列如图 4.2.1 所示。

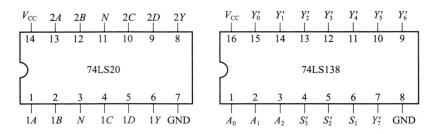

图 4.2.1　74LS20 和 74LS138 的管脚图

4.2.3　设计要求

1. 设计任务

(1) 用 3 片四 –2 输入与非门 74LS00 设计 1 位全加器。

(2) 给出测试 74LS138 功能的方法。

(3) 用 74LS138 和 74LS20 实现 1 位全加器。

(4) 用 2 片 74LS00 和 1 片 74LS20 实现交通灯故障监测电路(选作)。

2. 设计提示

使用集成与非门来设计组合电路是常见的逻辑电路。首先根据设计任务的要求建立输入、输出变量,并列出真值表。然后用逻辑代数或卡诺图化简法求出简化的逻辑表达式,并转换为**与非 – 与非**式。根据简化后的逻辑表达式,画出逻辑图,用标准器件构成逻辑电路。

用 A、B、C_{in} 分别表示 1 位全加器的两个加数和低位来的进位,则根据全加器的逻辑功能及真值表可知,全加器的和 S,进位输出 C_{out} 经化简后可由下式表示:

$$S = A'B'C_{in} + A'BC'_{in} + AB'C'_{in} + ABC_{in} \tag{4.2.1}$$

$$C_{out} = A'BC_{in} + AB'C_{in} + ABC'_{in} + ABC_{in} \tag{4.2.2}$$

本实验应用两种方法实现以上 1 位全加器电路设计。

(1) 选用 74LS00,将以上表达式转换为 2 输入的**与非 – 与非**表达式。转换时注意应用等式 $AB' = (AB)'A$,变换式(4.2.1)为

$$S = A'B'C_{in} + A'BC'_{in} + AB'C'_{in} + ABC_{in}$$
$$= (A'B + AB')C'_{in} + (A'B' + AB)C_{in} \tag{4.2.3}$$

其中设 $Z = A'B + AB' = ((A'B)' \cdot (AB')')' = (((AB)' \cdot B)' \cdot ((AB)' \cdot A)')'$,则有

$$S = ZC'_{in} + Z'C_{in} = ((ZC'_{in})' \cdot (Z'C_{in})')'$$
$$= (((ZC_{in})' \cdot Z)' \cdot ((ZC_{in})' \cdot C_{in})')' \tag{4.2.4}$$

同理可得

$$C_{out} = (A'B + AB')C_{in} + AB$$

$$= ((ZC_{in})' \cdot (AB)')' \tag{4.2.5}$$

由式(4.2.4)和式(4.2.5)可知,只需要 2 输入与非门即可实现两个 1 位二进制数的全加运算,参考电路图如图 4.2.2 所示。

(2) 用 74LS138 和 74LS20 实现 1 位全加器则不需要化简逻辑函数式,输入信号接 74LS138 地址译码端,译码输出端即对应最小项的反。若 $A_2=A$, $A_1=B$, $A_0=C_{in}$,则

$$S = A'B'C_{in} + A'BC'_{in} + AB'C'_{in} + ABC_{in}$$
$$= Y_1 + Y_2 + Y_4 + Y_7 = (Y'_1 Y'_2 Y'_4 Y'_7)' \tag{4.2.6}$$

$$C_{out} = A'BC_{in} + AB'C_{in} + ABC'_{in} + ABC_{in}$$
$$= Y_3 + Y_5 + Y_6 + Y_7 = (Y'_3 Y'_5 Y'_6 Y'_7)' \tag{4.2.7}$$

4.2.4 实验内容、方法及步骤

1. 检查与非门电路

分别将 74LS00 和 74LS20 的电源端 V_{CC}(14 脚)接通 5 V 电源,接地端 GND(7 脚)接地,用万用表的直流电压挡测量 14 脚对地的电压应为 5 V,7 脚对地的电压应为 0 V。其他各管脚均悬空,用万用表的直流电压挡测量各管脚对地的电压,输入端的读数在 1.0~1.4 V 之间,输出端的读数大约 0.2 V。否则,门电路可能已经损坏。

2. 用与非门设计一位全加器

用与非门自行设计一个 1 位全加器,画出电路图,也可参照图 4.2.2。在实验箱上连接电路,变换逻辑电平开关进行测试,将结果填入功能测试表 4.2.1 中,验证其逻辑功能。如果测量结果与全加器功能不符,自行检查电路排除故障。

表 4.2.1 1 位全加器功能测试表

A	B	C_{in}	S	C_{out}
0	0	0		
0	0	1		
0	1	0		
0	1	1		
1	0	0		
1	0	1		
1	1	0		
1	1	1		

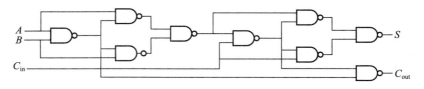

图 4.2.2　1 位全加器电路

3. 74LS138 功能测试

74LS138 是 3 线 –8 线全译码器，其逻辑符号如图 4.2.3 所示，其中，$A_0 \sim A_2$ 为译码输入端，$Y_0 \sim Y_7$ 为译码输出端，$S_1 \sim S_3$ 为译码使能端，74LS138 的逻辑功能表如表 4.2.2 所示。按图 4.2.3 接好功能测试电路，根据功能表 4.2.2 测试其逻辑功能。

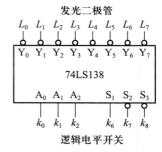

图 4.2.3　74LS138 功能测试电路

表 4.2.2　74LS138 的逻辑功能表

输入					输出							
S_1	$S_2'+S_3'$	A_2	A_1	A_0	Y_0'	Y_1'	Y_2'	Y_3'	Y_4'	Y_5'	Y_6'	Y_7'
1	0	0	0	0	0	1	1	1	1	1	1	1
1	0	0	0	1	1	0	1	1	1	1	1	1
1	0	0	1	0	1	1	0	1	1	1	1	1
1	0	0	1	1	1	1	1	0	1	1	1	1
1	0	1	0	0	1	1	1	1	0	1	1	1
1	0	1	0	1	1	1	1	1	1	0	1	1
1	0	1	1	0	1	1	1	1	1	1	0	1
1	0	1	1	1	1	1	1	1	1	1	1	0
0	×	×	×	×	1	1	1	1	1	1	1	1
×	1	×	×	×	1	1	1	1	1	1	1	1

4. 用 74LS138 和 74LS20 实现 1 位全加器

由式 (4.2.6) 和式 (4.2.7) 可得图 4.2.4 所示电路原理图，取一片 74LS138 和一片 74LS20 按照所示芯片管脚排列顺序放置到相应的实验箱芯片插座上，接入电源和地，参照图 4.2.4 接好电路，变换逻辑电平开关测试，根据表 4.2.1 测试其逻辑功能，验证所设计电路的正确性。

5. 交通灯故障监测电路

每一组信号灯均由红、黄、绿三盏灯组成,正常工作时必有且只有一盏灯点亮,当出现其他情况时,电路发生故障,这时要求发出故障信号。根据要求自行设计交通灯故障监测电路。

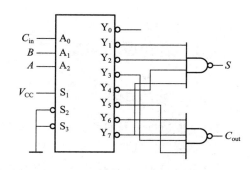

图 4.2.4　用 74LS138 和 74LS20 实现的全加器

（1）参考图 4.2.5 选用两片 74LS00 和一片 74LS20 在实验箱上连接好电路,变换逻辑电平开关,测试结果填入表 4.2.3 中。

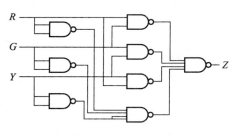

图 4.2.5　交通灯故障检测电路

表 4.2.3　交通灯故障检测电路真值表

A	B	C	Y
0	0	0	
0	0	1	
0	1	0	
0	1	1	
1	0	0	
1	0	1	
1	1	0	
1	1	1	

（2）用一片 74LS138 和一片 74LS20 实现交通灯故障检测电路,画出逻辑电路图,在实验箱上接线测试其功能,与表 4.2.3 对照。

4.2.5　温馨提示

① 起拔芯片时须注意不要弄弯、弄断芯片引脚,造成器件损坏,最好使用专用的芯片起拔器。

② 注意芯片片选端或使能端的有效电平及正确使用。

③ 较复杂电路测试时应分级接线,边接线边测试,局部电路测试通过后再级联到一起,这样更容易成功。

思考题
① 给出只用 2 输入与非门实现交通灯故障检测电路的设计过程。
② 用 74LS138 和 74LS20 是否可以实现交通灯故障检测电路?

4.3 组合逻辑电路(二)

4.3.1 实验目的

① 掌握数据选择器的原理与功能扩展方法。
② 掌握数据选择器的基本应用。
③ 掌握显示译码器的功能和使用方法。

4.3.2 实验用仪器设备及材料

数字万用表,数字电子实验箱,TTL 四-2 输入与非门 74LS00,双四选一数据选择器 74LS153,八选一数据选择器 74LS151。74LS153 和 74LS151 的管脚分配图如图 4.3.1 所示。

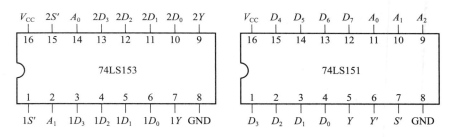

图 4.3.1　74LS153 和 74LS151 的引脚排列

4.3.3 设计要求

1. 设计任务

(1) 设计测试数据选择器 74LS153 和 74LS151 功能的实验方案。

(2) 用双 4 选 1 数据选择器 74LS153 和 74LS00 实现 1 位全减器。

2. 设计提示

用 A、B、J_0 分别表示 1 位全减器的被减数、减数和低位来的借位,全减器真值表如表 4.3.1 所示。根据全减器的逻辑功能及真值表可知,全减器的差 D,借位输出 J 经化简后可分别由式(4.3.1)和式(4.3.2)表示:

$$D=A'B'J_0+A'BJ_0'+AB'J_0'+ABJ_0 \qquad (4.3.1)$$

$$J=A'B'J_0+A'BJ_0'+A'BJ_0+ABJ_0 \qquad (4.3.2)$$

本实验应用双四选一数据选择器 74LS153 和**与非门** 74LS00 实现以上 1 位全减器电路设计。

表 4.3.1 　1 位全减器真值表

输入			输出	
A	B	J_0	D	J
0	0	0	0	0
0	0	1	1	1
0	1	0	1	1
0	1	1	0	1
1	0	0	1	0
1	0	1	0	0
1	1	0	0	0
1	1	1	1	1

4.3.4　实验内容、方法及步骤

1. 测试 74LS151 的逻辑功能

74LS151 为互补输出的 8 选 1 数据选择器,引脚排列如图 4.3.1 所示。选择控制端(地址端)为 $A_2 \sim A_0$,按二进制译码,从 8 个输入数据 $D_0 \sim D_7$ 中,选择一个需要的数据送到输出端 Y,S' 为使能端,低电平有效。使能端 $S'=0$ 时,多路开关正常工作,根据地址码 A_2、A_1、A_0 的状态选择 $D_0 \sim D_7$ 中某一个通道的数据输送到输出端 Q。如:$A_2 A_1 A_0 = 000$,则选择 D_0 数据到输出端,即 $Y = D_0$;如:$A_2 A_1 A_0 = 001$,则选择 D_1 数据到输出端,即 $Y = D_1$,其余类推。即当使能控制端 S' 为低电平时有如下输出逻辑式

$$Y = (A_2' A_1' A_0') D_0 + (A_2' A_1' A_0) D_1 + (A_2' A_1 A_0') D_2 + (A_2' A_1 A_0) D_3$$
$$+ (A_2 A_1' A_0') D_4 + (A_2 A_1' A_0) D_5 + (A_2 A_1 A_0') D_6 + (A_2 A_1 A_0) D_7 \quad (4.3.3)$$

数据输入端 $D_0 \sim D_7$、地址端 A_2、A_1、A_0 和使能控制端 S' 接逻辑开关,输出 Q 接逻辑电平显示发光二极管。变换开关状态,按表 4.3.2 中 74LS151 功能表逐项进行测试,记录测试结果。

2. 测试 74LS153 的逻辑功能

74LS153 为双 4 选 1 数据选择器,引脚排列如图 4.3.1 所示。数据输入端 $D_0 \sim D_3$ 加 4 种不同的变量,如电平 0、1,1 Hz、5 Hz 的连续脉冲,地址端 A_1、A_0 和使能控制端 S' 用逻辑开关实现,变换开关状态,测试输出,结果填入表 4.3.3 中。

3. 用数据选择器构成全减器

用 74LS153 和与非门 74LS00 设计一个 1 位全减器,给出设计过程,画出电

表 4.3.2　74LS151 功能表

输入				输出	
S'	A_2	A_1	A_0	Y	Y'
1	×	×	×	0	1
0	0	0	0	D_0	D_0'
0	0	0	1	D_1	D_1'
0	0	1	0	D_2	D_2'
0	0	1	1	D_3	D_3'
0	1	0	0	D_4	D_4'
0	1	0	1	D_5	D_5'
0	1	1	0	D_6	D_6'
0	1	1	1	D_7	D_7'

表 4.3.3　74LS153 功能表

输入			输出
S'	A_1	A_0	Y
1	×	×	
0	0	0	
0	0	1	
0	1	0	
0	1	1	

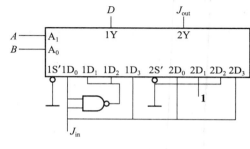

图 4.3.2　74LS153 和 74LS00 构成的全减器

路图,也可参考图 4.3.2 连接电路,其中 A 为被减数,B 为减数,J_{in} 为低位的借位,J_{out} 为向高位的借位。变换逻辑电平开关进行测试,将结果填入表 4.3.4 中,验证所设计电路的逻辑功能。

表 4.3.4　1 位全减器真值表

输入			输出	
A	B	J_{in}	D	J_{out}
0	0	0		
0	0	1		
0	1	0		
0	1	1		
1	0	0		
1	0	1		
1	1	0		
1	1	1		

4.3.5 温馨提示

① 测试数据选择器功能时可以使用示波器观察信号波形,也可以送入易于区分的输入信号,如"高电平 1""低电平 0""单脉冲""1 Hz 左右的连续脉冲"等,可以方便地使用显示灯测试输出。

② 先测试单元电路,功能正常再测试复杂电路

思考题

① 给出用双 4 选 1 数据选择器 74LS153 和与非门实现 1 位全减器电路的设计过程。

② 用 74LS151 实现全减器时是否需要 74LS00?

4.4 用 Verilog-HDL 语言输入方式设计加法器

4.4.1 实验目的

① 熟悉可编程逻辑器件的应用。

② 学习使用 Quartus II软件。

③ 熟悉用硬件描述语言 Verilog-HDL 编写常用的组合逻辑电路。

4.4.2 实验用仪器设备

台式计算机,EDA 通用实验箱,数字万用表。

4.4.3 设计要求

1. 用 Verilog-HDL 语言编写 4 位加法器的设计程序。

2. 用 Quartus II软件输入源程序,并进行编译、仿真。

3. 将编译好的程序下载到可编程逻辑器件中,观察设计结果。

4.4.4 实验内容、方法及步骤

1. 编辑文件

运行 Quartus II执行文件,选择菜单 File /New。

在出现的对话框中选择 New Quartus II Project,新建设计项目,命名。

新建设计文件 Design Files,选择文本文件 Verilog-HDL File。在文本编辑窗口内键入 4 位加法器的 Verilog-HDL 程序,并保存。

注意:在 Quartus Ⅱ中,程序文本保存的文件名必须与文件的实体名一致,扩展名默认 **.v,切记不能改。

下面是层次化设计的 4 位加法器的参考程序:

半加器:module halfadder(S,C,A,B);

        input A,B;

        output S,C;

        xor(S,A,B);

        and(C,A,B);

        endmodule

全加器:module fulladder(S,CO,A,B,CI);

        input A,B,CI;

        output S,CO;

        wire S1,D1,D2;

        halfadder HA1(S1,D1,A,B);

        halfadder HA2(S,D2,S1,CI);

        or g1(CO,D2,D1);

        endmodule

多位加法器:module adder4(S,C3,A,B,C_1);

        input [3:0]A,B;

        input C_1;

        output [3:0]S;

        output C3;

        wire C0,C1,C2;

        fulladder   FA0(S[0],C0,A[0],B[0],C_1);

        fulladder   FA1(S[1],C1,A[1],B[1],C0);

        fulladder   FA2(S[2],C2,A[2],B[2],C1);

        fulladder   FA3(S[3],C3,A[3],B[3],C2);

        endmodule

2. 编译源文件

编辑文件保存后,进入菜单项 Processing/Start Compilation,编译该文本文件,若出现错误,修改直到成功。

3. 设计文件的仿真

进入菜单 File /New,选择 Other Files/Vector Waveform File,建立波形仿真文件;执行 Edit/Insert Node or Bus,输入信号节点;设置波形周期、初始值、结束时间等参量;编辑输入信号,并保存该文件。

执行 Processing/Start Simulation，对设计文件进行仿真，观察仿真结果。

4. 编程下载设计文件

（1）选择器件：执行菜单选项 Assignments/Assignments Editor 命令，选择与实验箱中匹配的 PLD 器件，并完成引脚锁定，保存。重新编译，产生设计电路的下载文件（.sof）。

（2）编程下载设计文件：实验箱与计算机通过下载线连接到一起，并打开实验箱电源，连接并设置硬件电路 Hardwaresetting，执行 Tools/Programmer 命令选择下载文件。

（3）编程下载：执行 Processing/Start Programming，即可实现设计电路到目标芯片的编程下载。

5. 在实验箱上观察设计结果

4.4.5 温馨提示

① 在 Quartus Ⅱ中，程序文本保存的文件名必须与文件的实体名一致，扩展名默认 **.v，切记不能改；给项目、模块、端口命名时必须以字母开头中间可以加数字等，不能以数字开头命名，否则无法编译。

② 文件编译、仿真前必须先把编辑文本文件、波形文件存盘，否则无法运行。

③ 器件下载前，先观察 EDA 实验开发系统上的 PLD 芯片系列型号，选定器件进行引脚锁定后才可以下载编程数据到指定芯片。

思考题
① 用行为描述法编写 4 选 1 数据选择器的 Verilog–HDL 程序。
② 简述 Quartus Ⅱ软件开发可编程逻辑器件的主要步骤。

4.5 集成触发器

4.5.1 实验目的

① 掌握用施密特反相器和 RC 电路产生时钟信号的方法。
② 掌握集成 JK 触发器和 D 触发器的逻辑功能及测试方法。
③ 熟悉触发器之间相互转换的方法。
④ 掌握 JK 触发器和 D 触发器的使用方法。

电子课件—
集成触发器

4.5.2 实验用仪器设备及材料

数字实验箱,数字万用表,双 D 触发器 74LS74,双 JK 触发器 74LS112,TTL 四–2 输入与非门 74LS00。74LS74 和 74LS112 的管脚分配图如图 4.5.1 所示。

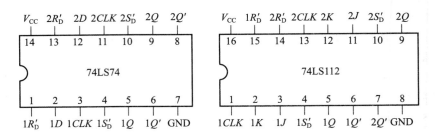

图 4.5.1　74LS74 和 74LS112 管脚分配图

4.5.3 设计要求

1. 设计任务

(1) 设计产生时钟脉冲信号的实验方案。

(2) 设计测试 JK 触发器功能的实验方案。

(3) 设计测试 D 触发器功能的实验方案。

(4) 设计用与非门将 JK 触发器转换成 D 触发器的电路。

(5) 设计用与非门将 D 触发器转换成 JK 触发器的电路。

2. 设计提示

触发器具有两个稳定状态,用以表示逻辑状态 1 和 0。在一定的外界信号作用下,可以从一个稳定状态翻转到另一个稳定状态,它是一个具有记忆功能的二进制信息存储器件,是构成各种时序电路的最基本逻辑单元。

在输入信号为双端的情况下,JK 触发器是功能完善、使用灵活和通用性较强的一种触发器。本实验采用 74LS112 双 JK 触发器,是下降沿触发的边沿触发器。

JK 触发器的特性方程为:　$Q^* = JQ' + K'Q$

J 和 K 是数据输入端,是触发器状态更新的依据,若 J、K 有两个或两个以上输入端时,组成与的关系。Q 与 Q' 为两个互补输出端。通常把 $Q=0$、$Q'=1$ 的状态定为触发器 0 状态;而把 $Q=1$,$Q'=0$ 定为 1 状态。JK 触发器常被用作缓冲存储器、移位寄存器和计数器。JK 触发器的逻辑符号如图 4.5.2 所示。

在输入信号为单端的情况下,D 触发器用起来最为方便,双 D 触发器 74LS74 为上升沿触发的边沿触发器,触发器的状态只取决于时钟到来前 D 端的状态。D 触发器的应用很广,可用作数字信号的寄存、移位寄存、分频和波形发生等。D 触发器逻辑符号如图 4.5.3 所示。

D 触发器的特性方程为: $Q^*=D$

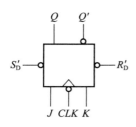

图 4.5.2 74LS112 双 JK 触发器逻辑符号图

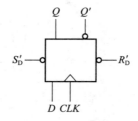

图 4.5.3 74LS74 逻辑符号

4.5.4 实验内容、方法及步骤

1. 测试双 JK 触发器 74LS112 的逻辑功能

(1) 测试 R'_D、S'_D 的复位、置位功能

任取一只 JK 触发器,R'_D、S'_D、J、K 端接逻辑开关输出插口,CLK 端接单次脉冲源,Q、Q' 端接至逻辑电平显示输入插口。要求改变 R'_D、S'_D(J、K、CLK 处于任意状态),并在 $R'_D=0$($S'_D=1$)或 $S'_D=0$($R'_D=1$)作用期间任意改变 J、K 及 CLK 的状态,观察 Q、Q' 状态。测试结果记入表 4.5.1 中。

(2) 测试 JK 触发器的逻辑功能

按触发器功能表改变 J、K、CLK 端状态,观察 Q、Q' 状态变化,观察触发器状态更新是否发生在 CLK 脉冲的下降沿,将测试结果记入表 4.5.1 中。

表 4.5.1 JK 触发器功能测试表

R'_D	S'_D	J	K	Q	Q^*
0	1	×	×	×	
1	0	×	×	×	
1	1	0	0	0	
1	1	0	0	1	
1	1	0	1	0	
1	1	0	1	1	
1	1	1	0	0	
1	1	1	0	1	
1	1	1	1	0	
1	1	1	1	1	

（3）构成 T 和 T' 触发器

将 JK 触发器的 J、K 端连在一起,构成 T 触发器,如图 4.5.4（a）所示。令 $T=1$,则得到 T' 触发器,如图 4.5.4（b）所示。

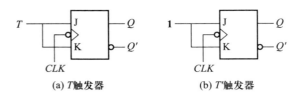

(a) T 触发器　　　　　　(b) T' 触发器

图 4.5.4　JK 触发器转换为 T、T' 触发器

在 CLK 端输入 1 Hz 连续脉冲,观察 Q 端的变化;在 CLK 端输入 1 kHz 连续脉冲,用双踪示波器观察 CLK、Q 端波形,画出波形图。

2. 测试双 D 触发器 74LS74 的逻辑功能

（1）测试 D 触发器的逻辑功能

任取一只 D 触发器,D 端接逻辑开关输出插口,CLK 端接单次脉冲源,Q、Q' 端接至逻辑电平显示输入插口。观察触发器状态更新是否发生在 CLK 脉冲的上升沿（即由 $0 \rightarrow 1$）,测试结果记入表 4.5.2 中。

表 4.5.2　D 触发器功能测试表

R'_D	S'_D	D	Q	Q^*
0	1	×	×	
1	0	×	×	
1	1	0	0	
1	1	0	1	
1	1	1	0	
1	1	1	1	

（2）构成 T' 触发器

将 D 触发器的 Q' 端与 D 端相连接,构成 T' 触发器,如图 4.5.5 所示。测试并记录。

3. JK 触发器转换成 D 触发器

用双 JK 触发器 74LS112 和与非门 74LS00 构成 D 触发器,参考电路如图 4.5.6 所示,根据 D 触发器功能表验证其逻辑功能。

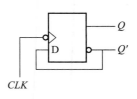

图 4.5.5　D 转成 T'

4. D 触发器转换成 JK 触发器

用双 D 触发器 74LS74 和与非门 74LS00 构成 JK 触发器,参考电路如图 4.5.7 所示,根据 JK 触发器功能表验证其逻辑功能。

5. 用 74LS112 实现 4 进制加法计数器

用双 JK 触发器 74LS112 构成 4 进制加法计数器,参考电路如图 4.5.8 所示,CLK 端接连续脉冲时钟源,Q_1、Q_0 端接至逻辑电平显示输入插口。观察 Q_1、Q_0 状态更新规律,画出状态转换图。

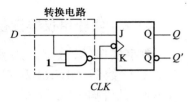

图 4.5.6 JK 转成 D

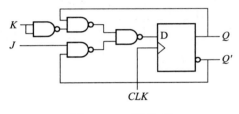

图 4.5.7 D 转成 JK

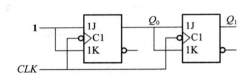

图 4.5.8 用 74LS112 构成 4 进制加法计数器

4.5.5 温馨提示

① 注意触发器的触发电平或有效工作沿。
② 注意现态与次态的含义、关系。
③ 注意异步置 0、置 1 端的用法。

思考题
① 设计测试 JK 触发器功能的实验方案。
② 设计测试 D 触发器功能的实验方案。
③ 给出用与非门将 D 触发器转换成 JK 触发器的设计过程。

4.6 中规模集成计数器及应用

4.6.1 实验目的

① 掌握中规模集成计数器 74LS161 和 74LS390 的功能测试方法。
② 掌握中规模集成计数器的使用及任意进制计数器的设计。
③ 运用集成计数器构成 $1/N$ 分频器。

4.6.2 实验用仪器设备及材料

数字实验箱,数字万用表,四–2 输入 TTL 与非门 74LS00,4 位二进制同步加法计数器 74LS161 和双十进制异步加法计数器 74LS390。74LS161 和 74LS390 的管脚图如图 4.6.1 和图 4.6.2 所示。

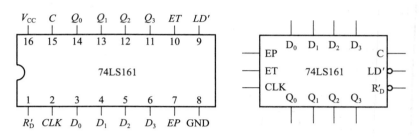

图 4.6.1　74LS161 的引脚图及逻辑符号

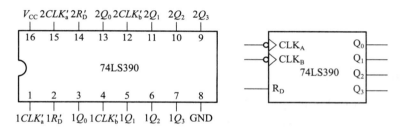

图 4.6.2　74LS390 的引脚图和逻辑符号

4.6.3 设计要求

1. 设计任务

(1) 设计测试 4 位二进制计数器 74LS161 和双十进制计数器 74LS390 逻辑功能的实验方案。

(2) 用 1 片 74LS161 和 74LS00 设计 6 进制计数器。

(3) 用 1 片 74LS390 和 74LS00 设计 24 进制计数器。

(4) 用与非门设计显示译码器电路驱动共阴极数码管。(根据要求自行设计)

2. 设计提示

目前常见的计数器芯片在计数进制上只做成应用较广的几种类型,在需要其他任意进制的计数器时,只能用已有的计数器产品经过外接电路的不同连接方式得到。假定已有 N 进制计数器,需要得到 M 进制计数器。

如果 $M<N$,则在 N 进制计数器的顺序计数过程中设法使之跳跃 $N–M$ 个状态,就可以得到 M 进制计数器。实现跳跃的方法有置零法(或称复位法)和置数

法(或称置位法)两种。

如果 $M>N$,则必须用几片 N 进制计数器组合起来,才能构成 M 进制计数器。各片之间的连接方式可分为串行进位方式、并行进位方式、整体置零方式和整体置数方式几种。

4.6.4 实验内容、方法及步骤

1. 测试 74LS161 的逻辑功能

(1) 测试异步清零功能。将异步清零端 R'_D 接低电平 0,EP、ET、LD'、$D_3 \sim D_0$ 接至逻辑开关输出插口,将 CLK 端接单次脉冲源,输出端 Q_3、Q_2、Q_1、Q_0 接逻辑电平显示输入插口。变换逻辑开关状态和脉冲源状态,对照表 4.6.1 测试 74LS161 的异步清零功能。

(2) 测试同步置数功能。将异步清零端 R'_D 接高电平 1,同步置数端 LD' 接低电平 0,其余同(1),对照表 4.6.1 测试 74LS161 的同步置数功能。

(3) 测试保持功能。将异步清零端 R'_D 和同步置数端 LD' 接高电平 1,EP、ET 接至逻辑开关输出插口,变换逻辑开关状态,其中 EP、ET 至少有一个保持低电平,其余同(1),对照表 4.6.1 测试 74LS161 的保持功能。

(4) 测试计数功能。将 R'_D、LD'、EP、ET 接高电平 1,其余同(1),对照表 4.6.1 测试 74LS161 的计数功能。

表 4.6.1　74LS161 的功能表

CLK	R'_D	LD'	EP	ET	工作状态
×	0	×	×	×	置零
↑	1	0	×	×	预置数
×	1	1	0	1	保持
×	1	1	×	0	保持($C=0$)
↑	1	1	1	1	计数

2. 用 74LS161 设计 6 进制计数器

同步置数法:将异步清零端 R'_D 和计数控制端 EP、ET 接高电平 1,参照图 4.6.3 接线,将 Q_3、Q_2、Q_1、Q_0 接逻辑电平显示输入插口,接通脉冲信号,观测电路是否为 6 进制计数器,画出计数器状态转换图。也可自己设计电路,画出电路图,在实验箱上接线测试。

异步清零法:将同步置数端 LD' 和计数控制端 EP、ET 接高电平 1,参照图 4.6.4 接线,将 Q_3、Q_2、Q_1、Q_0 接逻辑电平显示输入插口,接通脉冲信号,观测电路是否为 6 进制计数器,画出计数器状态转换图。也可自己设计电路,画出电路图,

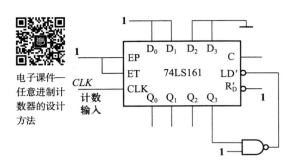

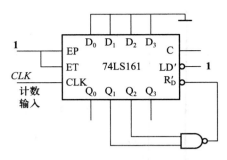

图 4.6.3　用 74LS161 构成的 6 进制计数
器（同步置数法）

图 4.6.4　用 74LS161 构成的 6 进制计数
器（异步清零法）

在实验箱上接线测试。

3. 测试 74LS390 的功能

（1）测试异步清零功能。将异步清零端 R_D 接高电平 1,将 CLK_A、CLK_B 端接单次脉冲源,输出端 Q_3、Q_2、Q_1、Q_0 接逻辑电平显示输入插口。变换脉冲源状态,测试 74LS390 的异步清零功能。

（2）测试计数功能。将异步清零端 R_D 接低电平 0。

① CLK_A 端接单次脉冲源,Q_0 接逻辑电平显示输入插口,变换脉冲源,观测 Q_0 端状态变化;

② CLK_B 端接单次脉冲源,输出端 Q_3、Q_2、Q_1 接逻辑电平显示输入插口,变换脉冲源,观测 Q_3、Q_2、Q_1 状态变化,画出状态转换图;

③ CLK_A 端接单次脉冲源,CLK_B 与 Q_0 相连,输出端 Q_3、Q_2、Q_1、Q_0 接逻辑电平显示输入插口。变换脉冲源,观测 Q_3、Q_2、Q_1、Q_0 状态变化,画出状态转换图。

4. 用 74LS390 设计 24 进制计数器（使用整体清零法）。

应用整体置零法设计 24 进制计数器,画出实验用电路图,接线测试,给出计数器状态转换图。也可参照图 4.6.5。

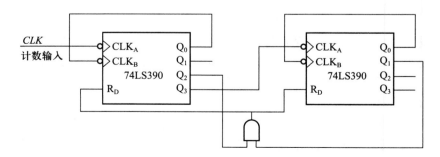

图 4.6.5　用 74LS390 构成的 24 进制计数器

4.6.5　温馨提示

① 注意 74LS161 的异步置 0 端、同步置 1 端的用法,用反馈清零法和置数法设计任意进制计数器的区别。

② 注意在两个计数器级联时进位脉冲与计数器有效工作沿的关系及正确接法。

③ 使用异步清零端设计计数器时注意,清零信号时间过短容易造成电路出错,最好采用锁存器对触发脉冲锁存 1 个时钟周期。

思考题

① 用 74LS161 的异步清零端和同步置数端构成任意进制计数器时有什么区别?

② 用 74LS390 设计 24 进制计数器时,两个十进制计数器之间的进位方式可以有几种?

③ 将 24 分解为 4×6,用 74LS390 重新设计 24 进制计数器,给出电路图。

④ 将 74LS390 的 CLK_A 与 Q_3 相连,CLK_B 接计数脉冲,此时构成几进制计数器? 画出状态转换图。

4.7　基于 PLD 的任意进制计数器的设计

4.7.1　实验目的

① 进一步掌握 EDA 工具软件——Quartus II 的使用。
② 加深理解任意进制计数器的设计与实现方法。
③ 熟悉 Quartus II 软件用原理图输入方式设计逻辑电路。

4.7.2　实验用仪器设备及材料

台式计算机,EDA 通用实验箱,数字万用表。

4.7.3　设计要求

① 启动 Quartus II 软件,基于原理图输入方式用 74LS160、74LS00 和 74LS20 设计任意进制计数器。

② 计数器与七段译码驱动器及七段数码显示器正确连接并显示设计结果。

③ 原理图编辑、编译、仿真后下载到 EDA 实验箱,观察设计结果。

4.7.4 实验内容、方法及步骤

1. 建立设计项目

运行 Quartus Ⅱ执行文件，选择菜单 File /New。

在出现的对话框中选择 New Quartus Ⅱ Project，新建设计项目，命名。

2. 编辑文件

在该项目下新建设计文件 Design Files，选择原理图编辑文件 Block Diagram/ Schematic File。在图形编辑窗口内调出相应元器件，连接电路，编辑并保存。

3. 源文件编译

编辑文件保存后，进入菜单项 Processing/Start Compilation，编译该原理图文件，若出现错误，修改直到成功。

4. 设计文件的仿真

进入菜单 File /New，选择 Other Files/Vector Waveform File，建立波形仿真文件；执行 Edit/Insert Node or Bus，输入信号节点；设置波形周期、初始值、结束时间等参量；编辑输入信号，并保存该文件。

执行 Processing/Start Simulation，对设计文件进行仿真，观察仿真结果。

5. 编程下载设计文件

（1）选择器件：执行菜单选项 Assignments/Assignments Editor 命令，选择与实验箱中匹配的 PLD 器件，并完成引脚锁定，保存。重新编译，产生设计电路的下载文件（.sof）。

（2）编程下载设计文件：实验箱与计算机通过下载线连接到一起，并打开实验箱电源，连接并设置硬件电路 Hardwaresetting，执行 Tools/Programmer 命令选择下载文件。

（3）编程下载：执行 Processing/Start Programming，即可实现设计电路到目标芯片的编程下载。

6. 在实验箱上观察验证设计结果。

4.7.5 实验拓展

用 74LS160 设计 60 进制计数器构成数字钟的秒、分显示电路。对所设计原理图编辑、编译、仿真后下载到 EDA 实验箱，用七段数码显示器观察设计结果。

4.7.6 温馨提示

① 用原理图法编辑文件注意器件合理布局，尽量避免线路交叉，易出错且影响电路图整体美观性。

② 复杂系统不适合用原理图编辑，应采用原理图与文本编辑混合法设计。

③ 层次化编程的底层电路模块应集中放置在同一个文件夹,调入当前工作库中。

思考题

① 用 74LS160 设计任意进制计数器常用的方法有哪两种? 简述其原理。

② 如何用 74LS160 设计 24 进制加法计数器? 简述设计过程。

4.8 中规模集成计数器的仿真

4.8.1 实验目的

① 掌握仿真软件 Multisim 9 的使用方法。

② 学会使用 Multisim 9 软件绘制电路。

③ 掌握计数器的级联方法。

4.8.2 实验基本原理

本实验以可逆计数器 74LS191 为例,通过仿真实验进一步熟悉集成计数器的功能和使用方法。74LS191 的框图如图 4.8.1 所示。CLK 是计数脉冲输入端;$\sim LOAD$ 是异步置数端,低电平有效;$\sim CTEN$ 为使能控制端,低电平有效;$\sim U/D$ 是加 / 减控制端,低电平时做加法计数,高电平时做减法计数。

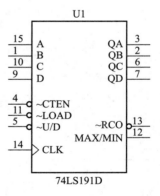

图 4.8.1 74LS191 的框图

4.8.3 设计要求

① 设计测试 74LS191 功能的仿真电路。

② 用 74LS191 构成任意进制计数器。

③ 用 74LS191 和 74LS138 构成顺序脉冲发生器(自行设计)。

④ 用 74LS191 和 74LS151 构成序列信号发生器(自行设计)。

4.8.4 预习要求

① 认真阅读本实验指导书附录 I,了解 Multisim 9 的使用方法。

② 完成设计任务。

4.8.5 实验内容、方法及步骤

1. 74LS191 功能测试电路

参照图 4.8.2 绘制电路图,分别改变各个开关的状态,对照功能表 4.8.1 验证 74LS191 的功能。

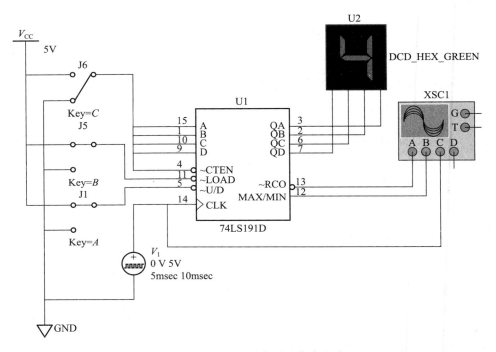

图 4.8.2 74LS191 功能测试仿真电路

表 4.8.1 74LS191 功能表

~CTEN	~LOAD	~U/D	CLK	工作状态
1	1	×	×	保 持
×	0	×	×	预 置
0	1	0	↑	加法计数
0	1	1	↑	减法计数

2. 用 74LS191 构成十二进制计数器

图 4.8.3 给出采用反馈归零法构成的十二进制计数器的仿真电路,图中 74LS191 做加法计数。参照图 4.8.3 绘制电路图,根据运行结果画出状态转换图。

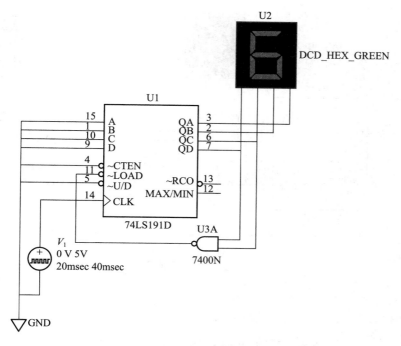

图 4.8.3　74LS191 构成 12 进制计数器仿真电路

采用 LED 数码管显示结果,数码管内集成了译码器。

　　3. 用 74LS191 构成 100 进制计数器

　　图 4.8.4 给出采用反馈归零法构成的 100 进制计数器的仿真电路。采用 LED 数码管显示结果,数码管内集成了译码器。

4.8.6　实验拓展

　　① 用 74LS191 和 74LS138 构成顺序脉冲发生器,自行设计仿真电路,并给出仿真波形图。

　　② 用 74LS191 和 74LS151 构成序列信号发生器,要求输出序列信号 10110111,自行设计仿真电路,用二极管指示灯观测结果。

4.8.7　温馨提示

　　① 仿真电路若使用 CMOS 器件,注意所有多余输入端的正确处理,不允许悬空。

　　② 时钟脉冲周期不宜过大或过小,否则显示的数码不便于观察。

　　③ 注意及时调整虚拟开关的键值。

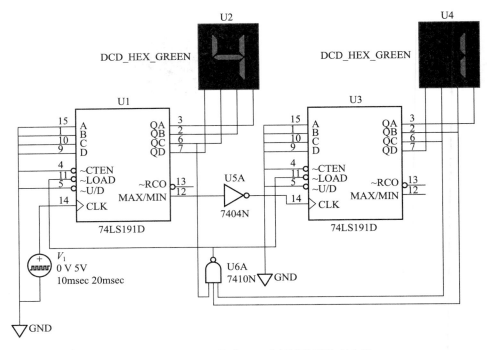

图 4.8.4   74LS191 构成 100 进制计数器仿真电路

思考题

①用 74LS191 构成十二进制计数器时,如果使 74LS191 做减计数,该如何实现? 课后自行设计仿真电路。

②图 4.8.4 给出的电路中,两片 74LS191 之间是什么进位方式,如果去掉反相器 7404N 会怎样?

4.9   555 时基电路及其应用

4.9.1   实验目的

①熟悉 555 型集成时基电路结构、工作原理及其特点。

②掌握 555 型集成时基电路的基本应用。

4.9.2   实验用仪器设备及材料

数字万用表,双踪示波器,数字电子实验箱,集成定时器 NE555,电阻、电容、

电子课件—
555 集成定
时器及其应
用

110

二极管等。

4.9.3 设计要求

1. 设计任务

(1) 设计测试时基电路 NE555 的实验方案。

(2) 用 555 构成单稳态触发器。

(3) 用 555 构成多谐振荡器。

2. 设计提示

集成时基电路又称为集成定时器或 555 电路,是一种数字、模拟混合型的中规模集成电路,应用十分广泛。它是一种产生时间延迟和多种脉冲信号的电路,由于内部电压标准使用了三个 5 K 电阻,故取名 555 电路。其电路类型有双极型和 CMOS 型两大类。几乎所有的双极型产品型号最后的三位数码都是 555 或 556;所有的 CMOS 产品型号最后四位数码都是 7555 或 7556,二者的逻辑功能和引脚排列完全相同,易于互换。555 和 7555 是单定时器。556 和 7556 是双定时器。双极型的电源电压 V_{CC}=+5~+15 V,输出的最大电流可达 200 mA,CMOS 型的电源电压为 +3~+18 V。NE555 的管脚图如图 4.9.1 所示。

图 4.9.1 中 V_{CO} 是控制电压端(5 脚),平时输出 $2/3V_{CC}$ 作为比较器 A_1 的参考电平,当 5 脚外接一个输入电压,即改变了比较器的参考电平,从而实现对输出的另一种控制,在不接外加电压时,通常接一个 0.01 μF 的电容器到地,起滤波作用,以消除外来的干扰,确保参考电平的稳定。

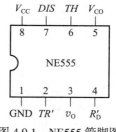

图 4.9.1 NE555 管脚图

T 为放电管,当 T 导通时,将给接于脚 7 的电容器提供低阻放电通路。

555 定时器主要是与电阻、电容构成充放电电路,并由两个比较器来检测电容器上的电压,以确定输出电平的高低和放电开关管的通断。这就很方便地构成从微秒到数十分钟的延时电路,可方便地构成单稳态触发器、多谐振荡器和施密特触发器等脉冲产生或波形变换电路。

4.9.4 实验内容、方法及步骤

1. 测试 NE555 的逻辑功能

复位端 R'_D 接逻辑开关输出插口,阈值端 TH 和触发端 TR' 接直流稳压电源,输出端 v_O 接逻辑电平显示输入插口,控制电压输入端 V_{CO} 和放电端 DIS 悬空。首先将 R'_D 置为低电平 0,TH 和 TR' 端电压从 0~5 V 变化,观察输出情况。然后将 R'_D 置为高电平 1,TH 和 TR' 端电压从 0~5 V 变化,参照表 4.9.1 验证其逻辑功能。

表 4.9.1　NE555 的功能表

输入			输出
R'_D	TH	TR'	v_O
0	×	×	低
1	$>\frac{2}{3}V_{CC}$	$>\frac{1}{3}V_{CC}$	低
1	$<\frac{2}{3}V_{CC}$	$>\frac{1}{3}V_{CC}$	不变
1	$<\frac{2}{3}V_{CC}$	$<\frac{1}{3}V_{CC}$	高
1	$>\frac{2}{3}V_{CC}$	$<\frac{1}{3}V_{CC}$	高

2. 用 555 电路构成单稳态触发器

图 4.9.2 为由 555 定时器构成的单稳态触发器及波形图。暂稳态的持续时间 t_W(即为延时时间)取决于外接元件 R、C 值的大小。t_W=1.1RC,通过改变 R、C 的大小,可使延时时间在几个微秒到几十分钟之间变化。

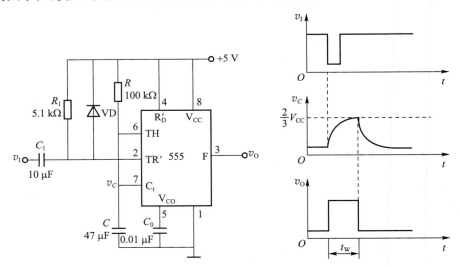

图 4.9.2　555 构成的单稳态触发器

(1) 按图 4.9.2 连线,取 R=100 kΩ,C=47 μF,输入信号 v_I 由单次脉冲源提供,用双踪示波器观测 v_I、v_C、v_O 波形。测定幅度与暂稳时间(参数值可根据实验箱实际情况调整)。

(2) 将 R 改为 1 kΩ,C 改为 0.1 μF,输入端加 1 kHz 的连续脉冲,用示波器

观测波形 v_1、v_C、v_0,测定幅度及暂稳时间。

3. 用 555 电路构成多谐振荡器

(1) 组成多谐振荡器

如图 4.9.3 所示,由 555 定时器和外接元件 R_1、R_2、C 构成多谐振荡器,脚 2 与脚 6 直接相连。电路没有稳态,仅存在两个暂稳态,电路亦不需要外加触发信号,利用电源通过 R_1、R_2 向 C 充电,以及 C 通过 R_2 向放电端 C_t 放电,使电路产生振荡。电容 C 在 $1/3V_{CC}$ 和 $2/3V_{CC}$ 之间充电和放电,其波形如图所示。输出信号的时间参数是:

$$T=t_{W1}+t_{W2},\ t_{W1}=0.7(R_1+R_2)C,\ t_{W2}=0.7R_2C$$

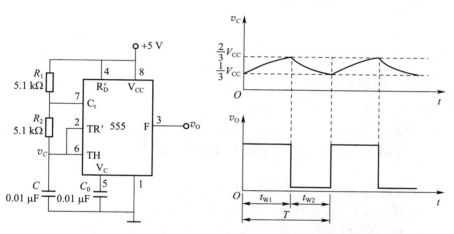

图 4.9.3 555 构成的多谐振荡器

555 电路要求 R_1 与 R_2 均应大于或等于 $1\,k\Omega$,但 R_1+R_2 应小于或等于 $3.3\,M\Omega$。按图 4.9.3 接线,用双踪示波器观测 v_C、v_0 的波形,测定频率。

(2) 组成占空比可调的多谐振荡器

电路如图 4.9.4 所示,它比图 4.9.3 所示电路增加了一个电位器和两个导引二极管。VD_1、VD_2 用来决定电容充、放电电流流经电阻的途径(充电时 VD_1 导通,VD_2 截止;放电时 VD_2 导通,VD_1 截止)。

$$占空比 \quad P=\frac{t_{W1}}{t_{W1}+t_{W2}}\approx\frac{0.7R_AC}{0.7C(R_A+R_B)}=\frac{R_A}{R_A+R_B}$$

可见,若取 $R_A=R_B$ 电路即可输出占空比为 50% 的方波信号。

按图 4.9.4 接线,调节 R_P 滑动端。用示波器观测 v_C、v_0 波形,直至调到占空比为 50%,测定波形频率。

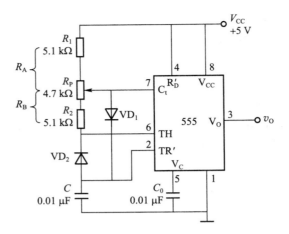

图 4.9.4　占空比可调的多谐振荡器

4.9.5　温馨提示

① 若驱动输出电流较大的负载,则应选择双极型 555。
② 测试占空比可调的多谐振荡器时,电路中的二极管注意极性不要接反。
③ 555 组成的单稳态电路定时时间及多谐振荡器的频率精度较低。

> **思考题**
> ① 复习有关 555 定时器的工作原理及其应用。
> ② 在实验箱上如何用固定电源获得连续可调的 0~5 V 电压?
> ③ 拟定各次实验的步骤和方法?

4.10　基于 Multisim 仿真的模拟声响电路

4.10.1　实验目的

① 进一步熟悉仿真软件 Multisim 9 的使用方法。
② 学会在仿真的基础上搭接电路。

4.10.2　实验用仪器设备及材料

微型计算机,数字万用表,数字电子实验箱,定时器 NE555,电阻、电容、二极管等。

4.10.3 设计要求

① 设计用 NE555 构成模拟声响报警器仿真电路。
② 在实验箱上实现所设计的电路。

4.10.4 实验内容、方法及步骤

1. 模拟声响电路的仿真

参照图 4.10.1 绘制电路图,闭合开关运行,双击示波器观测 v_{o1}、v_{o2} 的波形,仿真波形如图 4.10.2 所示。分别估算出 v_{o1}、v_{o2} 的频率。

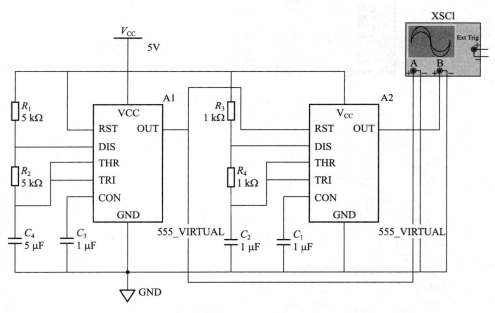

图 4.10.1 模拟声响仿真电路

2. 用 NE555 电路构成模拟声响电路

参照图 4.10.3 在实验箱上接线,根据示波器实际情况可适当调整参数值,以便更好地观测波形。接通电源用示波器观测 v_{o1}、v_{o2} 的波形,分别估算出 v_{o1}、v_{o2} 的频率。接通扬声器测试发声特点。

4.10.5 温馨提示

该声响电路需要合理设置参数,前级振荡信号的脉宽必须远大于后级的振荡周期。

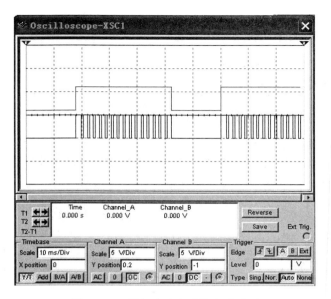

图 4.10.2　模拟声响电路仿真波形图

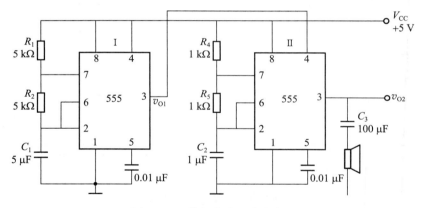

图 4.10.3　模拟声响电路接线图

思考题

① 如果改变声音的频率,应调节哪些参数?

② 将 NE555 Ⅰ的输出端 3 管脚接到 NE555 Ⅱ的 5 管脚,电路是否正常工作?

③ 根据参数计算出 v_{O1}、v_{O2} 的频率,和观测值进行比较。

第 5 章
电子技术综合设计实验

本章介绍几种典型的电子技术综合设计性实验,这些实验是模拟电子技术和数字电子技术基本实验的扩展,更注重应用性和实用性。部分实验设计给出了单元电路,供学生进行实验与测试。学生在进行实验之前,须认真预习实验内容,查阅相关资料,做好准备工作,才能更好地保证实验效果。

通过本环节,学生应达到如下基本要求:1.综合运用电子技术课程中所学到的理论知识,结合设计任务要求适当自学某些新知识,独立完成一个电子电路的综合设计。2.会运用 EDA 工具,例如 Multisim、Pspice、Quartus Ⅱ 等,对所作出的理论设计进行模拟仿真测试,进一步完善理论设计。3.通过查阅手册和文献资料,熟悉常用电子器件的类型和特性,并掌握合理选用元器件的原则。4.掌握模拟电路的安装、测量与调试的基本技能,熟悉电子仪器的正确使用方法,能独立分析实验中的现象(或数据),独立解决调试中所遇到的问题。5.培养实事求是、严谨的工作态度和严肃认真的工作作风。

5.1 多功能波形发生器

多功能波形发生器是一种能够产生多种波形:如三角波、锯齿波、矩形波(含方波)、正弦波的电路。它作为一种常用的信号源,是现代测试领域应用最广的通用仪器之一。

1. 设计指标及工作原理

(1) 设计指标

① 输出波形:正弦波,三角波,方波。

② 以集成运算放大器和晶体管为核心进行设计。

③ 设计参数与性能指标要求:

频率范围:1~10 Hz,10~100 Hz,100 Hz~1 kHz;

输出电压:方波 $U_{P-P} \leqslant 24$ V,三角波 $U_{P-P} \leqslant 8$ V,正弦波 $U_{P-P} \geqslant 1$ V。

(2) 多功能波形发生器的工作原理

根据用途不同,产生三种或多种波形的信号发生器,使用的器件可以是分立器件(如 S101 低频信号函数发生器全部采用晶体管),也可以采用集成电路(如8038 单片函数发生器)。产生正弦波、方波、三角波的方案有多种,如首先产生正弦波,然后通过整形电路将正弦波变换成方波,再由积分电路将方波变成三角波;也可以首先产生三角波—方波,再将三角波变化成正弦波或将方波变换成正弦波等。本设计采用先产生方波—三角波,再将三角波变换成正弦波的电路设计方法。波形发生器的原理框图如图 5.1.1 所示,方波—三角波由比较器与积分器组成,比较器输出方波,将方波积分,就可以得到三角波,三角波变换成正弦波的电路可以采用低通滤波器或差分放大电路等。

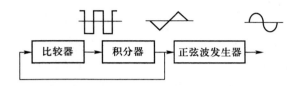

图 5.1.1　波形发生器的原理框图

2. 单元电路设计

（1）方波—三角波发生器

① 方波—三角波发生器的工作原理

方波—三角波发生器的工作原理如图 5.1.2 所示。图中第一级运算放大器 A_1 构成滞回比较器,第二级运算放大器 A_2 构成积分电路,第二级的输出又反馈到第一级运算放大器的同相输入端。

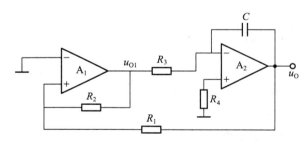

图 5.1.2　方波—三角波发生器的工作原理

图 5.1.2 中,滞回比较器的输出电压为 u_{O1},积分运算电路的输出电压 u_O 是滞回比较器的输入电压,根据叠加原理,可得出运算放大器 A_1 同相输入端的电位为

$$u_+ = \frac{R_2}{R_1+R_2}u_O + \frac{R_1}{R_1+R_2}u_{O1} \qquad (5.1.1)$$

设滞回比较器的输出电压 $u_{O1}=\pm U_{0m1}$,假设 $t=0$ 时积分电容的初始电压为零。滞回比较器的输出电压 $u_{O1}=+U_{0m1}$ 时,$u_+=\dfrac{R_2}{R_1+R_2}u_O+\dfrac{R_1}{R_1+R_2}U_{0m1}$,经反向积分,输出电压 u_O 将随着时间往负方向线性增长,u_+ 将随之减小,当减小到

118

零时,滞回比较器翻转,输出端 u_{O1} 从 $+U_{Om1}$ 翻转为 $-U_{Om1}$。当 $u_{O1}=-U_{Om1}$ 时,$u_+=\dfrac{R_2}{R_1+R_2}u_O-\dfrac{R_1}{R_1+R_2}U_{Om1}$,输出电压 u_O 将随着时间往正方向线性增长,u_+ 将随之增长,当增长到零时,滞回比较器再次翻转,输出端 u_{O1} 从 $-U_{Om1}$ 翻转为 $+U_{Om1}$。

以后重复上述过程,u_O 的上升时间和下降时间相等,斜率绝对值也相等,故 u_O 为三角波。

② 三角波输出电压的幅度

当 $u_{O1}=-U_{Om1}$ 时,积分电路的输出电压 u_O 随着时间往正方向线性增长,u_+ 将随之增长,当 $u_+=0$ 时,滞回比较器 u_{O1} 翻转,而翻转时,输出 u_O 是三角波的最大值 U_{Om},将 $u_{O1}=-U_{Om1}$,$u_+=0$,和 $u_O=U_{Om}$ 带入式(5.1.1),有 $0=\dfrac{R_2}{R_1+R_2}U_{Om}+\dfrac{R_1}{R_1+R_2}(-U_{Om1})$,得三角波输出电压的幅度为

$$U_{Om}=\frac{R_1}{R_2}U_{Om1} \tag{5.1.2}$$

③ 频率计算

由图 5.1.2 可知,三角波从 $-U_{Om}$ 变化到 $+U_{Om}$ 的时间为 $T/2$,这时加在积分器的输入电压 $u_{O1}=-U_{Om1}$,由积分关系式 $-U_{Om}-\dfrac{1}{R_3C}\displaystyle\int_0^{\frac{T}{2}}(-U_{Om1})\mathrm{d}t=U_{Om}$,即 $\dfrac{U_{O1}}{R_3C}\dfrac{T}{2}=2U_{Om}=2\dfrac{R_1}{R_2}U_{Om1}$,可得振荡周期为

$$T=4R_4C\frac{U_{Om}}{U_{O1}}=\frac{4R_3R_1C}{R_2} \tag{5.1.3}$$

频率为

$$f=\frac{1}{T}=\frac{R_2}{4R_3R_1C} \tag{5.1.4}$$

可见,三角波的输出幅度只和 R_1、R_2、U_{Om1} 有关,而与积分电路参数无关。若要调节输出波形的幅度,可调节反馈网络电阻 R_1、R_2 的比值,振荡周期同时由滞回比较器的反馈网络电阻及积分电路的时间常数 R_3C 决定。若要调节振荡周期,又不改变输出波形的幅度,可以调节积分器的时间常数。

④ 方波—三角波发生器电路元件的选择及电路仿真

本实验方案选择 LM324 高速集成运算放大器,方波—三角波发生器仿真电路如图 5.1.3 所示,即用 $R_{P2}+R_{21}$ 代替图 5.1.2 中的 R_2,用 $R_{P3}+R_{31}$ 代替图 5.1.2 中的 R_3。

根据图 5.1.2 所示电路,当 $U_{O1m}=9\,\text{V}$ 时,$U_{Om}=\dfrac{R_1}{R_2}U_{O1m}=3\,\text{V}$,$\dfrac{R_1}{R_2}=\dfrac{1}{3}$。在图 5.1.3 所示仿真电路中:取 $R_1=10\,\text{k}\Omega$,$R_{P2}+R_{21}=30\,\text{k}\Omega$,$R_{21}=20\,\text{k}\Omega$,$R_{P2}$ 为 $50\,\text{k}\Omega$ 的可调电位器。当 $\dfrac{R_1}{R_2}=\dfrac{1}{3}$ 时,$f=\dfrac{1}{T}=\dfrac{R_2}{4R_3R_1C}=\dfrac{3}{4R_3C}$,$R_3=\dfrac{3}{4fC}$。在图 5.1.3 所示仿真电路中:

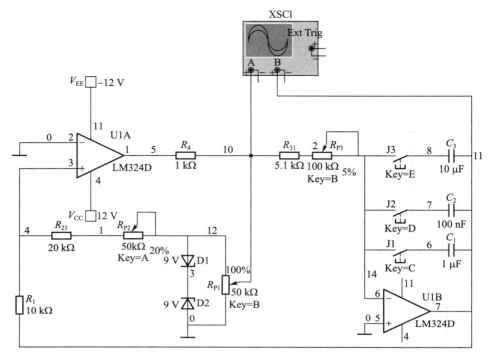

图 5.1.3　方波—三角波发生器仿真电路仿真图

当 f=1~10 Hz 时,取 C=10 μF,$R_{31}+R_{P3}=\dfrac{3}{4fC}$=7.5~75 kΩ。

当 f=10~100 Hz 时,取 C=1 μF,$R_{31}+R_{P3}$=7.5~75 kΩ,取值不变。

当 f=100 Hz~1 kHz 时,取 C=0.1 μF,$R_{31}+R_{P3}$=7.5~75 kΩ,取值不变。

因此,可取 R_{31}=5.1 kΩ,R_{P3} 为 100 kΩ 的可调电位器。

　　分别选择接入 10 μF、1 μF 和 0.1 μF 电容,可以将信号频率分成 3 挡:1~10 Hz,10~100 Hz,100~1 kHz。例如接入 1 μF 电容,启动仿真开关,即可得到如图 5.1.4 所示的输出波形。从图 5.1.4 所示的示波器数据栏中可以读出,输出波形的周期约为 13.5 ms,即频率约为 74 Hz(理论计算值为 74 Hz),方波的峰峰值约为 18 V,三角波的峰峰值约为 6 V。

　　调整电位器 R_{P1} 可改变方波输出的幅度;调整电位器 R_{P2} 可实现三角波幅度的微调,但会影响方波—三角波的频率;调整电位器 R_{P3} 可实现方波—三角波频率的微调,同时不会影响输出波形的幅度;如要在较宽范围内调整输出方波—三角波频率,则需改变积分电容 C 的大小。

　　(2) 三角波—正弦波变换电路

　　把三角波变换成正弦波的方式较多,可以用滤波电路、二极管近似电路和

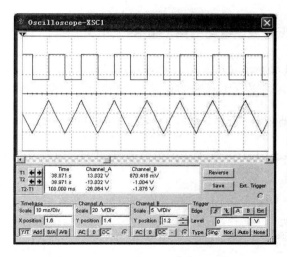

图 5.1.4　方波—三角波发生器输出波形

差分放大电路等方式。本设计要求的波形频率不高,所以这里采用最简单的低通滤波的方法。

① 三角波—正弦波转换的原理

在三角波为固定频率或频率变化很小的情况下,可以采用低通滤波的方法,将三角波变换为正弦波。三角波电压利用傅里叶级数展开为

$$u=\frac{8}{\pi^2}U_m\left(\sin\omega t-\frac{1}{9}\sin 3\omega t-\frac{1}{25}\sin 5\omega t-\cdots\right)$$

式中,U_m 为三角波的幅值。

只要低通滤波器的截止频率小于基波的三倍频,即得到频率等于基频的正弦波。

② RC 低通滤波电路

常见的由 RC 组成的无源滤波电路中,根据电容的接法以及参数大小主要可分为低通滤波电路、高通滤波电路、带通滤波电路和带阻滤波电路。实验教学中常用到的低通滤波电路及其幅频特性如图 5.1.5 和图 5.1.6 所示。

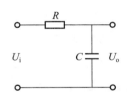

图 5.1.5　低通滤波电路

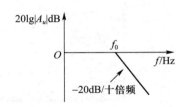

图 5.1.6　低通滤波器幅频特性

图 5.1.6 中 f_0 为低通滤波电路的截止频率,大小为 $f_0=\dfrac{1}{2\pi RC}$,与 RC 成反比。可根据衰减频率的大小确定 R、C 值。例如,以图 5.1.3 输出的三角波为低通滤波电路的输入,欲得到频率等于基频的正弦波,即要求不滤除 74 Hz 的信号,或不对其过度衰减,这要求截止频率:$f_0=\dfrac{1}{2\pi RC}\geqslant 74$ Hz,即 $RC\leqslant\dfrac{1}{2\pi\times 74}=2\ 152\times 10^{-6}$,可取 $R=2$ kΩ,$C=1$ μF。三角波—正弦波变换的仿真电路和仿真波形如图 5.1.7 和图 5.1.8 所示。

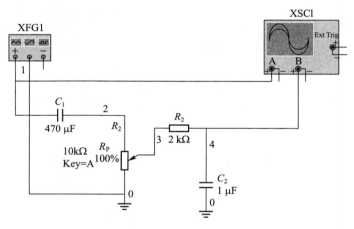

图 5.1.7　三角波—正弦波仿真电路仿真图

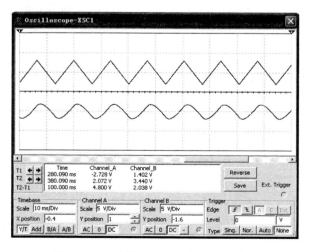

图 5.1.8　三角波—正弦波电路输出波形

3. 整机电路及仿真

整机电路如图 5.1.9 所示,通过调整电路中的几个可调电位器,得出方波—三角波—正弦波的波形如图 5.1.10 所示。调节 R_{P4} 可调整输出正弦波幅值。

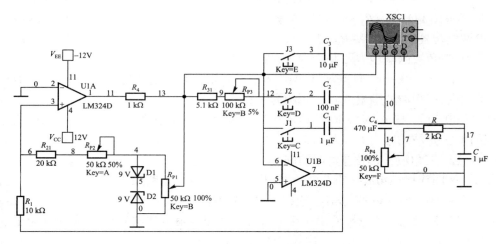

图 5.1.9　方波—三角波—正弦波发生器仿真电路仿真图

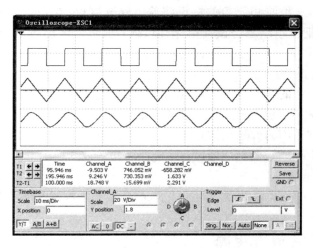

图 5.1.10　方波—三角波—正弦波发生器输出波形

4. 电路的安装与调试

在面包板和实验板上组装电路,注意所有的电子元器件全部要测试一遍,安装时集成电路的方向要保持一致。对于电路的调试,通常按电子线路一般的调试方法进行,即按照单元电路的先后顺序进行分级调试与联调。

（1）方波—三角波电路的调试

按图连接好方波—三角波产生电路,并仔细检查确保电路无误,通电后用示波器观察有无方波、三角波输出,有则可以进行以下调试。

① 当 $C=1$ μF 时,用示波器观察方波、三角波的幅度和频率,调整可调电位器 $R_{P2}=10$ kΩ,$R_{P2}+R_{21}=30$ kΩ,调整电位器 R_{P1} 使方波输出 $U_{P-P}≈24$ V,当调整可调电位器 R_{P3} 使 $R_{31}+R_{P3}=7.5\sim75$ kΩ,测量输出频率范围是否在 $10\sim100$ Hz 范围内,三角波的输出 U_{P-P} 是否约为 8 V。

② 当 $C=0.1$ μF 时重复（1）的内容。测量输出频率范围是否在 $100\sim100$ kHz 范围内,三角波的输出 U_{P-P} 是否约为 8 V。

③ 当 $C=10$ μF 时,重复（1）的内容。测量输出频率范围是否在 $1\sim10$ Hz 范围内,三角波的输出 U_{P-P} 是否约为 8 V。

（2）三角波—正弦波电路的调试

按图连接三角波—正弦波电路,并仔细检查确保电路无误。

① 给定某一频率三角波,根据频率确定滤波电阻和电容的大小。

② 用波形发生器,输出一定频率的三角波,用示波器观察输出是否为正弦波。

（3）整机电路调试

将方波—三角波和三角波—正弦波电路连接好,并观察方波、三角波、正弦波的波形,把测量结果与设计指标,以及频率范围,输出电压,波形特性逐一对比。

5. 电路扩展训练

① 本实例中的波形占空比为 50%,可考虑改进电路使之成为占空比可调的波形发生器,如占空比可调后三角波就可变为锯齿波。

② 本实例采用的方法是方波—三角波—正弦波,也可考虑首先使用文氏电桥振荡电路产生正弦波,然后通过整形电路将正弦波变换为方波,再由积分电路将方波变为三角波。

③ 可考虑用单片函数发生器模块 8038 为核心来构建波形发生器。

5.2 语音放大电路

在日常生活和工作中,经常会遇到语音信号不良的情况。例如在打电话时,有时因声音太小或干扰太大而难以听清对方的讲话,需要一种既能放大话音信号又能降低外来噪声的仪器。具有类似功能的实用电路实际上就是一个能识别不同频率范围的小信号放大系统。这里设计一个集成运算放大器组成的语音放大电路,并结合经典设计方式和计算机辅助设计的方式进行讨论。

1. 设计指标及工作原理

(1) 设计指标

① 最大不失真输出功率 $P_{om} \geqslant 5$ W。

② 负载阻抗 $R_L = 4$ Ω。

③ 带通频率范围为 300 Hz~3 kHz。

④ 输入信号的幅度 ≤ 10mV。

⑤ 输入阻抗 $R_i \geqslant 100$ Ω。

(2) 语音放大电路的工作原理

语音放大电路的原理框图如图 5.2.1 所示,由前置放大电路、有源带通滤波电路和功率放大电路组成。由于输入信号比较小,如传感器输出信号一般只有 5 mV 左右,因此由前置放大电路把该信号放大。声音是通过空气传播的一种连续的波,一般把频率低于 20 Hz 的声波称为次声波,频率高于 20 kHz 的声波称为超声波,这两类声音人耳是听不到的,人耳可以听到的声音频率在 20 Hz~20 kHz 之间,称为音频信号。人的发音器官可以发出的声音频率在 80 Hz~3.4 kHz 之间,但说话的音频信号频率通常在 300 Hz~3 kHz 之间。这种频率范围的音频信号称为语音信号,为了能更好地放大语音信号,需要设计频率范围在 300 Hz~3 kHz 之间的带通滤波电路。功率放大电路的主要作用是向负载提供功率,要求输出功率尽可能大,转换功率尽可能的高,非线性失真尽可能小。通常,可由输入信号、最大不失真输出功率和负载阻抗等,求出总的电压放大倍数(增益)A_u。

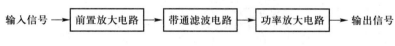

输入信号 → 前置放大电路 → 带通滤波电路 → 功率放大电路 → 输出信号

图 5.2.1 语音放大电路的原理框图

2. 单元电路设计

当语音放大电路的输入信号为 5 mV,输出最大不失真功率为 5 W 时,考虑到电路损耗的情况,系统的总电压放大倍数可以取 900。各级放大电路的放大倍数分配如下:前置放大电路电压放大倍数取 11,有源带通滤波电路电压放大倍数取 2.5,功率放大电路电压放大倍数取 33。

(1) 前置放大电路

由于输入信号比较小,如传声器输出信号一般只有 5 mV 左右,而共模噪声可能高到几伏,故放大器的输入漂移和噪声以及放大器本身的共模抑制特性都必须考虑。因此前置放大电路应该是一个高输入阻抗、高共模抑制比、低漂移的小信号放大电路。设计方案比较多,本设计采用同相比例运算电路作为前置放大电路,如图 5.2.2 所示,该电路具有很高的输入阻抗,其电压放大倍数为

$A_u = 1 + \dfrac{R_f}{R_1} = 11$，可以取 $R_1 = 1\ \text{k}\Omega$，$R_f = 10\ \text{k}\Omega$，$R_2 = 910\ \Omega$

（2）有源带通滤波电路

将低通滤波器（LPF）和高通滤波器（HPF）串联起来使用，就可以构成带通滤波器，条件是低通滤波器的截止频率 f_2 大于高通滤波器的截止频率 f_1。

① 二阶有源低通滤波器。二阶有源低通滤波器如图 5.2.3 所示。

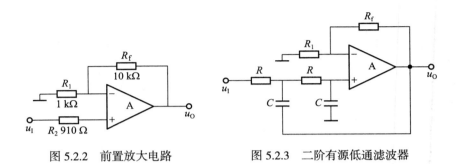

图 5.2.2　前置放大电路　　　　图 5.2.3　二阶有源低通滤波器

电压放大倍数为

$$A_u = \frac{\dot{U}_o}{\dot{U}_i} = \frac{A_{up}}{1 + (3 - A_{up})\mathrm{j}\omega RC + (\mathrm{j}\omega RC)^2}$$

$$= \frac{A_{up}}{1 - \left(\dfrac{f}{f_0}\right)^2 + \mathrm{j}(3 - A_{up})\dfrac{f}{f_0}} = \frac{A_{up}}{1 - \left(\dfrac{f}{f_0}\right)^2 + \mathrm{j}\dfrac{1}{Q}\dfrac{f}{f_0}}$$

品质因数

$$Q = \frac{1}{3 - A_{up}}$$

其中，Q 值按近似特性可有如下分类：$Q = \dfrac{1}{\sqrt{2}} \approx 0.71$ 为巴特沃思特性；$Q = 0.96$ 为切比雪夫特性。本设计选择巴特沃思特性，即 $Q = \dfrac{1}{3 - A_{up}} = 0.71$，得通带放大倍数 $A_{up} = 1.58$。因为 $A_{up} = 1 + \dfrac{R_f}{R_1} = 1.58$，所以可以取 $R_1 = 47\ \text{k}\Omega$，$R_f = 27\ \text{k}\Omega$。由于 $f_0 = \dfrac{1}{2\pi RC} = 3\ 000\ \text{Hz}$，所以可以取 $C = 4.7\ \text{nF}$，则 $R = 12\ \text{k}\Omega$。

② 二阶有源高通滤波器。高通滤波器与低通滤波器几乎具有完全的对偶性，把图 5.2.3 中的 R 和 C 的位置互换就构成如图 5.2.4 所示的二阶有源高通滤波器。

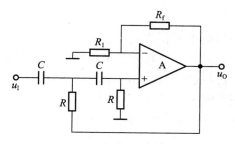

图 5.2.4　二阶有源高通滤波器

二阶有源高通滤波器的电压放大倍数为

$$A_u = \frac{\dot{U}_o}{\dot{U}_i} = \frac{(j\omega RC)^2 A_{up}}{1 + (3 - A_{up})j\omega RC + (j\omega RC)^2} = \frac{A_{up}}{1 - \left(\dfrac{f_0}{f}\right)^2 - j\dfrac{1}{Q}\dfrac{f_0}{f}}$$

式中　$A_{up} = 1 + \dfrac{R_f}{R_1}$

同理,本设计选择巴特沃思特性 $Q = \dfrac{1}{3 - A_{up}} = 0.71$,得 $A_{up} = 1.58$,所以可以取 $R_1 =$ 47 kΩ,$R_f = 27$ kΩ。由于 $f_0 = \dfrac{1}{2\pi RC} = 300$ Hz,可以取 $C = 4.7$ nF,则 $R = 12$ kΩ。

③ 带通滤波器。在满足低通滤波器的通带截止频率高于高通滤波器的通带截止频率的条件下,把相同元件的低通滤波器和高通滤波器串联起来可以实现巴特沃思通带响应,如图 5.2.5 所示。用该方法构成的带通滤波器的通带较宽,通带截止频率易于调整,因此多用作测量信号噪声比(S/N)的音频带通滤波器。运算放大器采用 LM324。该滤波器能抑制低于 290 Hz 和高于 3 000 Hz 的信号,整个通带增益约为 8 dB,即 $20\lg A_{up} = 20\lg(1.58 \times 1.58) \approx 20\lg 2.5 \approx 8$ dB

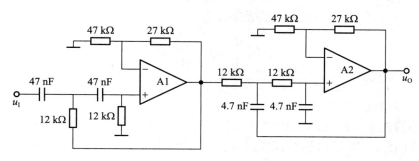

图 5.2.5　带通滤波器

（3）功率放大电路

功率放大电路的电路形式很多，有双源供电的 OCL 互补对称功放电路、单电源供电的 OTL 功放电路、BTL 桥式推挽功放电路和变压器耦合功放电路等。这些电路各有特点，可以根据设计要求和具备的实验条件综合考虑，做出选择。TDA2030 是一种性能十分优良的功率放大集成电路，其主要特点是上升速率高、瞬态互调失真小。TDA2030 另一特点是输出功率大，而保护性能比较完善。TDA2030 的输出功率能达 18 W，若使用两块电路组成 BTL 电路，输出功率可增至 35 W。大功率集成电路由于所用电源电压高、输出电流大，在使用中稍有不慎往往致使损坏，然而在 TDA2030 中，设计了较为完善的保护电路，一旦输出电流过大或管壳过热，集成块能自动地减流或者截止，使自己得到保护。TDA2030 的第三个特点是外围电路简单，使用方便。在现有的各种功率集成电路中，它的引脚属于最少的一类，总共才有五端，外形如同塑封大功率管，使用方便。双电源供电语音放大电路如图 5.2.6 所示。

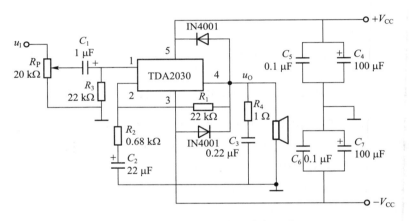

图 5.2.6　双电源供电音频放大电路

TDA2030 在电源电压为 ±14 V，负载电阻为 4 Ω 时的最大输出功率为 14 W（失真度小于等于 0.5%），电压放大倍数为

$$A_{up}=1+\frac{R_1}{R_2}=1+\frac{22}{0.68}\approx 33$$

3. 电路及仿真

（1）前置放大电路

前置放大电路如图 5.2.7 所示，输入 U_i 为 5 mV 的正弦信号，测得输出的电压为 0.055 V，因此前置放大电路的电压放大倍数 $A_{u1}=0.055/0.005=11$，由于采用同相比例运算放大电路，输入电阻 $R_i \gg 100 \ \text{k}\Omega$。

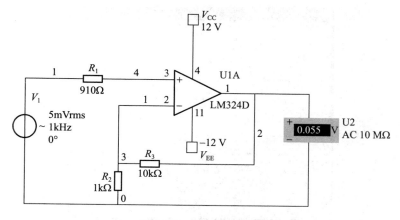

图 5.2.7　前置放大电路

（2）有源带通滤波电路

有源带通滤波电路仿真图如图 5.2.8 所示。

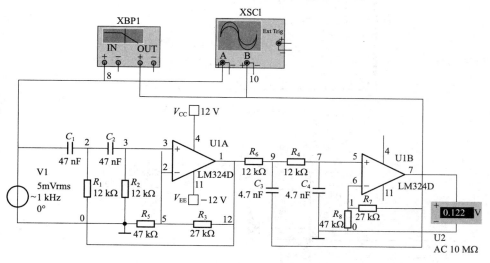

图 5.2.8　有源带通滤波电路仿真图

输入 U_i 为 50 mV 的正弦信号,测得的输出电压为 122 mV,得通带电压放大倍数 $A_{u2}=120/50\approx2.5$。输出与输入的波形如图 5.2.9 所示。由波特测试仪测出的幅频特性曲线如图 5.2.10 所示,求出带通滤波电路下限截止频率 $f_L=284$ Hz,$f_H=3.07$ kHz。

（3）功率放大电路

功率放大电路仿真图如图 5.2.11 所示,输入 $f=1$ kHz 的正弦信号,并逐渐加大输入电压幅值直至输出电压的波形出现临界失真,当输入电压是 0.22 V 时,输入与输出波形如图 5.2.12 所示,输出电压的波形没有失真。当输入电压是 0.23 V 时,输入与输出波形如图 5.2.13 所示,由图可看出输出电压的波形出现了失真。

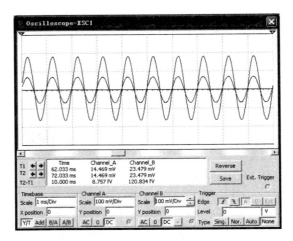

图 5.2.9　有源带通滤波电路输出与输入的波形

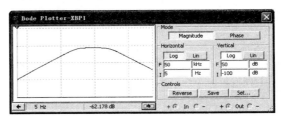

图 5.2.10　有源带通滤波电路幅频特性

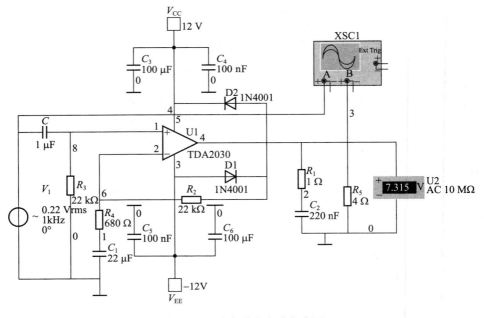

图 5.2.11　功率放大电路仿真图

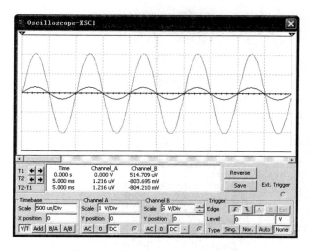

图 5.2.12 功率放大电路输入电压是 0.22 V 时的输入与输出波形

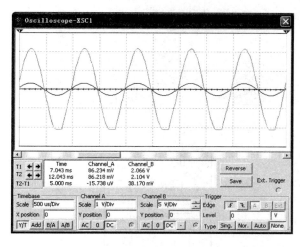

图 5.2.13 输入电压是 0.23 V 时的输入与输出波形

输入电压是 0.22 V 时,输出电压的波形没有出现失真,测得此时 R_L 两端最大输出电压的有效值是 7.315 V,则最大不失真输出功率为 $P_{om} = \dfrac{U_o^2}{R_L} = \dfrac{7.315^2}{4}$ W $\approx$ 13.4 W,电压放大倍数为 $A_{u3} = \dfrac{7.315}{0.22} \approx 33$

（4）整机电路及仿真

语音放大电路整机电路仿真图如图 5.2.14 所示,输入 U_i 为 5 mV 的正弦信号,测得输出的电压为 4.468 V,总电压放大倍数 $A_u = 4.468/0.005 \approx 894$,输出与输入的电压波形如图 5.2.15 所示。

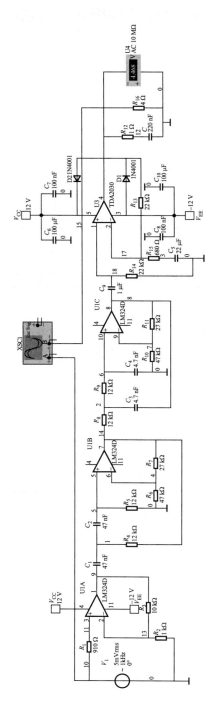

图 5.2.14　语音放大电路整机电路仿真图

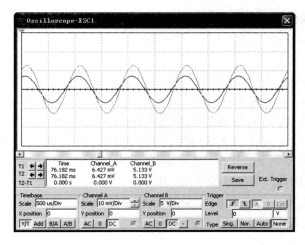

图 5.2.15　语音放大电路输出与输入的电压波形

4. 电路的安装与调试

在面包板上或实验板上组装语音放大电路,注意所有的电子元器件要全部测试一遍,安装时集成电路的方向要保持一致,检查无误后接通电源进行调试。在调试时要注意,先进行单元电路的调试,然后再进行系统联调,也可以对单元电路边组装边调试。

(1) 前置放大电路的组装与调试

测量前置放大电路的电压放大倍数 A_{u1}、带宽、输入电阻 R_i 等各项技术指标,并与设计要求的值进行比较。

(2) 有源带通滤波电路的组装与调试

测量有源带通滤波电路的通带电压放大倍数 A_{u2},做出幅频特性曲线,求出带通滤波电路的带宽。

(3) 功率放大电路的组装与调试

① 测量功率放大电路的最大不失真功率 P_{om}。输入 $f=1$ kHz 的正弦信号,并逐渐加大输入电压幅值直至输出电压的波形出现临界失真,测量此时 R_L 两端输出电压的最大值 U_{Om},则 $P_{om} = \dfrac{U_{Om}^{2}}{2R_L} = \dfrac{U_o^{2}}{R_L}$

② 电源供给功率 P_V。由于前级消耗的功率较小,只需在测 U_{om} 的同时在供电回路串一直流电流表,即可测出电源提供的平均电流 I。电源供给功率 $P_V = I \times V_{CC}$。

③ 计算效率　　$\eta = \dfrac{P_{om}}{P_V}$

④ 计算出电压增益 A_{u3}

（4）系统联调

经过以上对各级放大电路的局部调试之后，可以逐步扩大到整个系统的联调。联调时：

① 输入信号 $u_i=0$（前置级输入对地短路），测量输出的直流输出电压。

② 输入 $f=1$ kHz 的正弦信号，改变 u_i 幅值，用示波器观察输出电压 u_o 波形的变化情况，记录输出电压 u_o 最大不失真幅度所对应的输入电压 u_i 的变化范围。

③ 输入 u_i 为一定值的正弦信号（在 u_o 不失真范围内取值），改变输入信号的频率，观察 u_o 的幅值变化情况，记录 u_o 下降到 $0.707u_o$ 之间的频率变化范围。

④ 计算总的电压放大倍数 $A_u=U_o/U_i$。

⑤ 模拟视听效果，去掉信号源，改接传声器或收音机耳机输出口，用扬声器代替负载电阻，应能听到音质清楚的声音。

5.3 简易电子琴电路

扫一扫：
电子琴

电子琴是一种很常见的键盘乐器，实际的电子琴电路结构复杂。简易电子琴电路可以由 8 个按键控制振荡电路输出信号的频率，分别对应 8 个音阶，信号输出经扬声器发出声音。

1. 设计要求

设计一个简易电子琴电路，产生 C 调 8 个音阶频率，音节与频率对应如表 5.3.1 所示。

表 5.3.1　C 调音阶频率对应表

C 调音阶	1	2	3	4	5	6	7	i
频率（Hz）	264	297	330	352	396	440	495	528

2. 振荡电路设计

RC 选频网络构成的振荡电路称为 RC 振荡电路，如图 5.3.1 所示，振荡频率 $f=\dfrac{1}{2\pi\sqrt{R_1R_2C_1C_2}}$，它一般用于产生 1 Hz~1 MHz 的低频信号。

3. 电路设计

简易电子琴的仿真电路如图 5.3.2 所示，8 个按键控制输出 8 个音节频率信号，后级经过三极管放大电路驱动扬声器工作。J1 按键按下的仿真波形如图 5.3.3 所示。

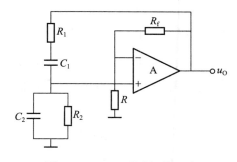

图 5.3.1　RC 正弦波振荡电路

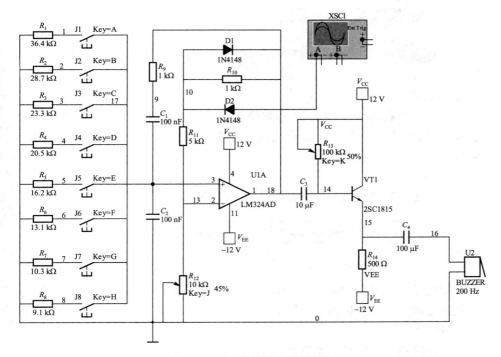

图 5.3.2　简易电子琴电路仿真图

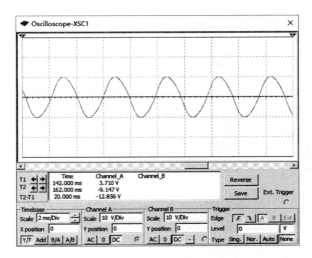

图 5.3.3　简易电子琴电路仿真波形图

5.4 简易温度控制系统

温度控制系统具有温度检测与自动控制功能,可以用于水温、电炉温等的控制。

1. 设计要求

设计一个简易温度控制系统,用热敏电阻器作为温度传感器检测加热装置的温度,当温度高于预设温度时,启动保温装置,当温度低于预设温度时,启动加热装置。

2. 设计原理

简易温度控制系统设计原理框图如图 5.4.1 所示。

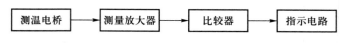

图 5.4.1　简易温度控制系统设计原理框图

测温电桥中的热敏电阻器作为温度传感器检测加热装置 R_t,测温电桥的输出加到测量放大器放大后由比较器输出"加热"与"保温"信号。

3. 电路设计

简易温度控制系统仿真电路如图 5.4.2 所示。

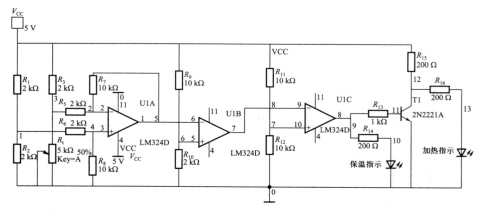

图 5.4.2　简易温度控制系统仿真电路

5.5 数字钟

数字钟具有走时准确、观赏性好、功能多样化等优点。数字钟以时、分、秒形式显示当前时间。数字钟走时出现误差时,可对其进行时、分校正。

1. 设计要求

(1) 设计具有一个"时"、"分"、"秒"的十进制显示计数器,要求为 24 小时循环。

(2) 具有校时、校分、较秒功能。

(3) 用集成电路组建实现。

(4) 给定条件:直流电源任意;石英晶体振荡频率为 32 768 Hz。

2. 可选器材

(1) 数字电子技术实验箱。

(2) 直流稳压电源。

(3) 集成电路:74LS393、74LS160、74LS00、74LS20、74LS248。

(4) 数码管、阻容元件、晶振。

3. 设计原理与总体功能框图

数字钟的原理框图如图 5.5.1 所示,由晶体振荡器,分频器,秒,分,时计数器,译码器,显示器和校时电路组成。晶体振荡器产生的信号经过分频器作为秒脉冲,秒脉冲送入计数器计数,计数结果通过"时"、"分"、"秒"译码器显示时间。

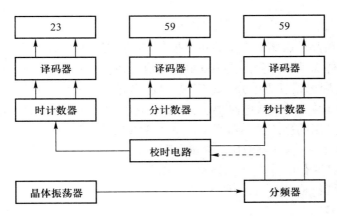

图 5.5.1 数字钟的原理图

4. 各功能模块及其单元电路的方案选择与论证

(1) 晶体振荡器

数字钟应具有标准的时钟源,用它产生频率稳定的 1 Hz 脉冲信号称为秒脉冲,因此振荡器是计时器的核心。振荡器的稳定度和频率的精准度决定了计数器的精准度,所以经常选用石英晶体来构成晶体振荡器。如果精度要求不高,也可采用集成电路 555 定时器与 *RC* 组成的多谐振荡器。

晶体振荡器给数字钟提供一个频率稳定准确的方波信号,一般输出为方波的数字式晶体振荡器通常有两类：一类是由 TTL 门电路构成；另一类是通过 CMOS 非门电路构成的电路。本次设计采用了后一种。

振荡器如图 5.5.2 所示，由 CMOS 非门与晶体、电阻和电容构成晶体振荡器电路。输出反馈电阻 R_1 为非门提供偏置，使电路工作于放大区域，即非门的功能近似于一个高增益的反向放大器。由于 CMOS 电路的输入阻抗极高，较高的反馈电阻有益于提高振荡频率的稳定性，因此 R_1 可选为 10 MΩ。电容 C_0、C_1 与晶体构成一个谐振型网络，完成对振荡频率的控制功能，同时提供一个 180° 相移，从而和非门构成一个正反馈网络，实现了振荡器的功能。由于晶体具有较高的频率稳定性及准确性，从而保证了输出信号的频率稳定和准确。要求频率准确度和稳定度更高时，还可接入校正电容并且采取温度补偿措施；另一非门实现整形功能，将振荡器输出的近似于正弦波的波形转换为较理想的方波。其输出为 32 768 Hz 的方波。

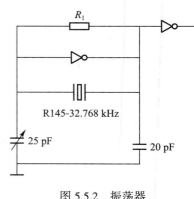

图 5.5.2　振荡器

（2）分频器

由于石英晶体振荡器产生的频率很高，要得到秒脉冲，需要用分频电路。如果选用的晶体振荡器产生的是 100 kHz 的信号，要得到秒脉冲，需要对此信号进行 10^5 分频，即选用五级十分频来实现，可选用五个十进制计数器通过级联来实现。十进制计数器的集成电路很多，如 74LS160、74LS162、74LS290 等，也可查阅手册。如果选用的晶体振荡器产生的是 32 768 Hz 的信号，需要经过十五级二分频电路，便可得到频率为 1Hz 的脉冲信号。可选用二进制计数器，如 74LS161，也可选用两片 8 位的计数器 74LS867、74LS393 等通过级联来实现。本设计选用两个 74LS393 组成分频器，如图 5.5.3 所示。

（3）计数器

获得秒脉冲后，可根据 60 秒为 1 分，60 分为 1 小时，24 小时为一天的规律计数。因此，计数器"秒"计数器电路、"分"计数器电路和"时"计数器电路组成，"秒"、"分"计数器为六十进制加法计数器，时计数器为二十四进制加法计数器。

① 六十进制加法计数器。

采用两片中规模集成电路 74LS160 组成六十进制加法计数器，可利用 74LS160 异步清零端通过反馈归零的方法来实现，也可以利用 74LS160 同步置数端用置数方法来实现。方案很多，可以通过比较来选择。本设计由 2 片 74LS160 和 1 片 74LS00 组成六十进制"秒"计数器，如图 5.5.4 所示。

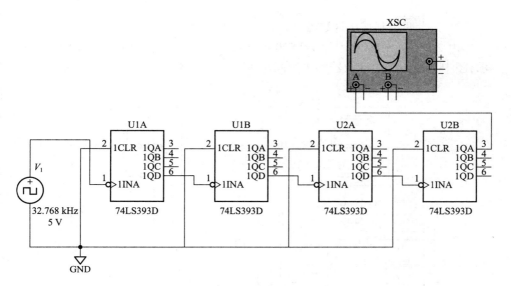

图 5.5.3 分频器

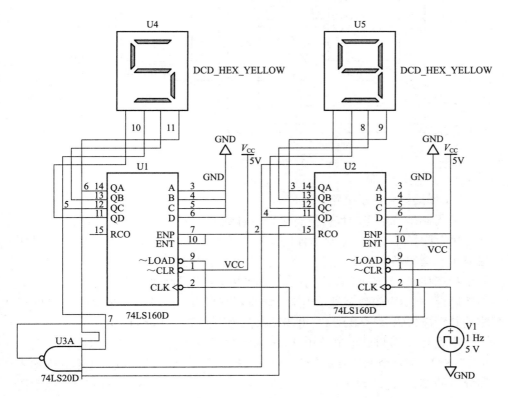

图 5.5.4 六十进制 "秒" 计数器

② 二十四进制加法计数器。

由 2 片 74LS160 和 1 片 74LS20 组成二十四进制"时"计数器,如图 5.5.5 所示,图中个位与十位计数器均采用同步级联方式。

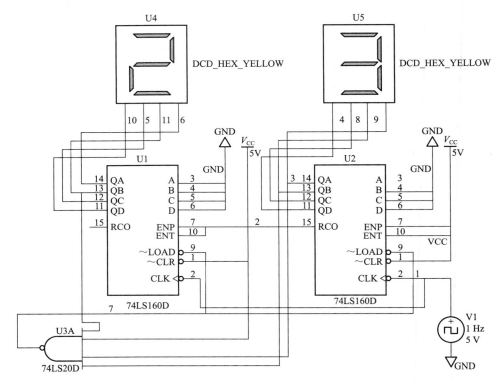

图 5.5.5　二十四进制"时"计数器

(4) 译码器和显示电路

译码器是将给定的代码进行翻译。计数器采用码制不同,译码器电路也不同。用七段发光二极管来显示译码器输出的数字,显示器有两种:共阳极或共阴极显示。译码器和显示电路是将"秒"、"分"、"时"计数器中每块集成电路的输出状态(8421 代码)翻译成七段数码管能显示十进制数所要求的电信号,然后经数码管,把相应的数字显示出来。译码器有很多型号可供选择,如 74LS248(可驱动共阴极数码管)、74LS247(可驱动共阳极数码管)、CD4511 等。

本设计译码和显示电路由 74LS248 和七段数码管组成。此电路共需要六个 74LS248 和六个七段数码管。六个七段数码管,随着秒计数脉冲不断地输入和计时的变化,连续地进行时、分、秒计时显示。一个 74LS248 和一个七段数码管组成的电路如图 5.5.6 所示。74LS248 的译码输出端通过限流电阻(200 Ω)与

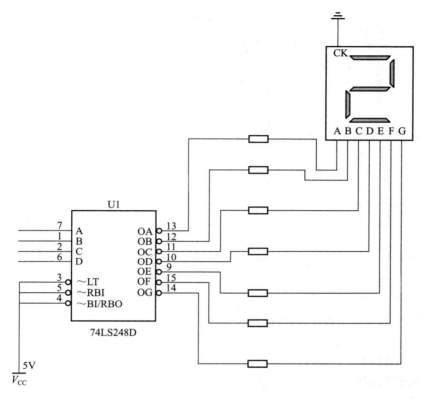

图 5.5.6　译码显示电路

数码管相连,以防止电流过大烧坏发光二极管。改变限流电阻的大小,可以改变发光二极管的亮度。

(5) 校时电路

校时电路的作用是当计时器刚接通电源或走时出现误差时,实现对"时"、"分"、"秒"的校准。在电路中设有正常计时和校时位置。校时电路可以采用手动校时或者是自动校时。例如,自动校时以校分为例,当把开关打到校分时,分计数器的计数脉冲 *CLK* 不是六十进制秒计数器的输出,而是直接接到分频电路输出的标准秒信号上,使得分计数器进行快速的计数,而达到自动校分的目的。可用门电路或触发器实现。

① "时"、"分"时间校准电路。"时"时间校准电路如图 5.5.7 所示。"分"时间校准电路与上述电路相同。

② "秒"时间校准电路。"秒"时间校准电路如图 5.5.8 所示,当校秒开关处于校秒位置时,即接低电平,与门 74LS08 的输出为低电平,秒计数器停止计数,当秒计数器显示的时间与标准秒时间相同时,将校准开关置于高电平,秒信号脉

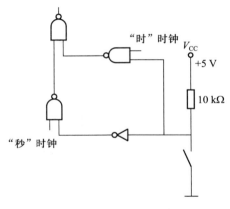

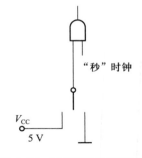

图 5.5.7 "时"、"分"时间校准电路   图 5.5.8 "秒"时间校准电路

冲通过与门 74LS08 的输出作为计数器脉冲输入,恢复计数器正常计数。

    5. 整体电路及仿真

    将各单元电路耦合连接在一起构成整机电路,为了让电路正常运行,可以用 "CLOCK-VOLTAGE" 代替振荡器和分频器,通过仿真,证明该电路能正常运行,达到了设计要求。

    6. 电路的安装与调试

    首先测试所有的数字集成电路、电阻和电容,然后在面包板或实验板上组成电路。安装时集成电路的方向要保持一致,"清零端"、"置数端"、"悬空端"等要正确处理,并检查电源接线是否正确,然后按照单元电路的先后顺序进行分级、装调与连调。

5.6 简易交通灯模拟电路

扫一扫:
交通灯控制
电路

    交通灯指挥着行人和各种车辆的安全运行,对交通进行自动控制是城市交通管理的重要课题。

    1. 设计要求

    设计一个简易交通信号灯模拟电路,控制某一路口交通信号绿、黄、红三盏灯按 8 s、1 s、7 s 的时间顺序循环。

    2. 可选器材

    (1) 数字电子技术实验箱。

    (2) 直流稳压电源。

    (3) 集成电路:74LS161、74LS04、74LS20、74LS00、LM555。

    (4) 发光二极管。

3. 单元电路设计

(1) 秒脉冲发生器

本设计利用 555 定时器组成秒脉冲发生器,如图 5.6.1 所示。R_1、R_2 和 C_1 是外接定时元件,将 555 定时器的高电平触发端 THR 与低电平触发端 TRI 连接在一起,接到 R_2 和 C_1 的连接处,将放电端 DIS 接到 R_1、R_2 的连接处,CON 端接有 10 nF 的滤波电容,以提高电路的稳定性。

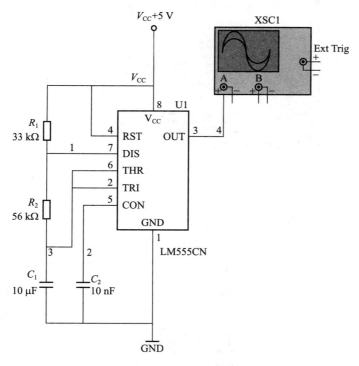

图 5.6.1　秒脉冲发生器

电路输出脉冲的周期为

$$T=0.7\,(R_1+2R_2)\,C_1$$

若 T=1 s,令 C_1=10 μF,R_1=33 kΩ,则 R_2=56 kΩ,使输出脉冲周期为 1 s,用示波器观察到图 5.6.2 所示的秒信号的波形。

(2) 时间控制分配电路

交通信号绿、黄、红三盏灯按 8 s、1 s、7 s 的时间循环,可以采用十六进制计数器对秒脉冲计数,然后通过组合电路对红、黄、绿三盏灯亮的时间进行分配控制,时间控制分配电路如图 5.6.3 所示。实际应用时,只需改变计数器的计数长度,或根据需要改变组合电路的时间分配即可。

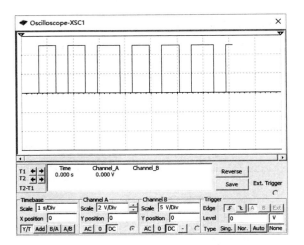

图 5.6.2　秒信号显示波形

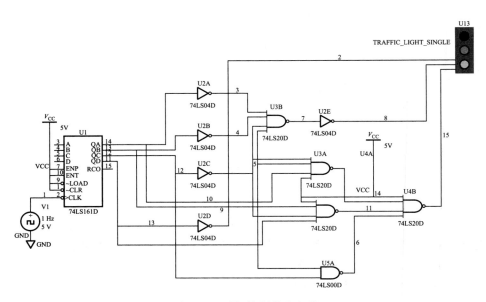

图 5.6.3　时间控制分配电路

5.7 四人抢答器电路

扫一扫：
智力竞赛抢
答器

在进行智力竞赛时,需要反应及时准确且方便的定时抢答设备。通常多组参加竞赛,所以定时抢答设备应该包括一个总控制和多个具有显示和抢答设置的终端。

1. 设计要求

(1) 抢答组数为 4 组,输入抢答信号的控制电路应由无抖动开关来实现。

(2) 判别选组电路。能迅速、准确判出并显示抢答者序号,并给出光提示。同时能排除其他组的干扰信号,闭锁其他各路输入使其他组再按开关时失去作用。

(3) 主持人设置一个控制开关,用来控制系统的复位。

2. 可选器材

(1) 数字电子技术试验箱。

(2) 直流稳压电源。

(3) 集成电路:74LS175、74LS20、74LS00、74LS14。

(4) 发光二极管、阻容元件、数码管、开关、按键。

3. 电路设计

(1) 复位和抢答电路开关输入防抖动电路,可采用吸收电容或触发电路来完成。

(2) 判别选组实现的方法可以用触发器和组合电路来完成,也可用一些特殊器件组成,例如用 MC14599 或 CD4099 八路可寻址锁存器来实现。

抢答器参考电路如图 5.7.1 所示,电路由四 D 触发器、与非门、脉冲触发电路和译码显示电路等组成。74LS175 为四 D 触发器,其内部具有 4 个独立的 D 触发器。按钮分选手抢答按钮和主持人复位按钮。当无人抢答时,选手抢答按钮均未被按下,1D、2D、3D、4D 端口均为低电平,74LS48 七段显示译码器输出接数码管显示 0。当有人抢答时,例如选手 1 按下时,1D 输入端口输入高电平,74LS48 七段显示译码器输出接数码管显示 1,抢答成功指示灯闪烁。同时,脉冲被封锁,74LS175 的输出不再变化,其他抢答者再按下按钮也不起作用,从而实现了优先判决,若要清除,则由主持人按复位按钮完成,并为下一次抢答做好准备。

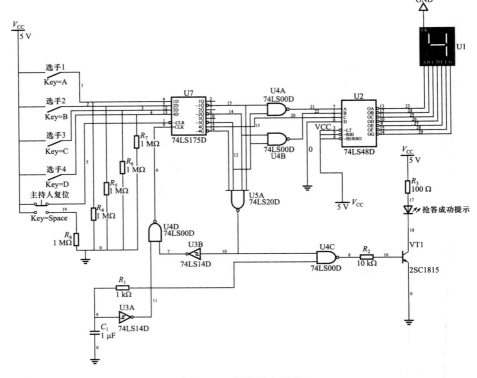

图 5.7.1 抢答器电路图

5.8 节日彩灯控制电路

节日里五颜六色的彩灯装点了我们身边的世界,通过电路的设计可以控制彩灯有规律地闪烁,为节日的欢乐氛围增添颜色。

1. 设计任务

(1) 设计闪耀模式为两种的自动循环彩灯控制电路。

(2) 彩灯为 8 个,可以用发光二极管模拟。

(3) 彩灯的闪耀模式为两种自动循环:依次亮、隔一个亮一个。

(4) 每个彩灯闪耀的频率是 1 Hz。

2. 可选器材

(1) 数字电子技术试验箱。

(2) 直流稳压电源。

(3) 集成电路:74LS138、74LS161、74LS00、74LS04。

(4) 发光二极、电阻元件。

3. 电路设计

时钟信号发生器可以采用图 5.6.1 所示的 555 定时器构成的多谐振荡器。彩灯参考电路如图 5.8.1 所示,闪耀模式为两种,第一种为 8 个 LED 顺序亮;第二种模式为隔一个 LED 顺序亮,即 LED1、LED3、LED5、LED7 顺序亮。两种模式自动循环。

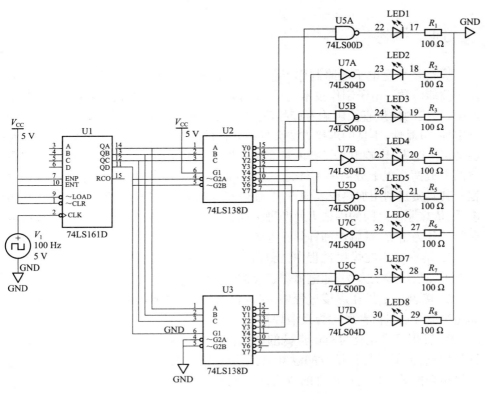

图 5.8.1　彩灯参考电路图

第 6 章
焊接技术

6.1 概述

焊接技术是电子电路制作工艺、电子拆装、电气或电子设备维护中基本的操作技能。学习电子制作技术,必须掌握焊接技术,练好焊接基本功。在工业生产中,焊接的质量直接影响着产品质量,优良的焊接质量,可为电路提供良好的稳定性、可靠性,不良的焊接方法会导致元器件损坏,给测试带来很大困难,有时还会留下隐患,影响电子设备的可靠性。焊接是金属加工的主要方法之一,它是将两个或两个以上分离的工件,按一定的形式和位置连接成一个整体的工艺过程。其实质是利用加热或其他方法,使焊料与被焊金属原子之间互相吸引、互相渗透,依靠原子之间的内聚力使两种金属达到永久、牢固的结合。现代焊接技术通常可分为熔焊、接触焊和钎焊三大类。

1. 熔焊是指在焊接过程中,将焊件接头加热至熔化状态,在不外加压力的情况下完成焊接的方法,如电弧焊、气焊及等离子焊等;

2. 接触焊是指在焊接过程中,对焊件施加压力(加热或不加热)完成焊接,如超声波焊、脉冲焊、摩擦焊及锻焊等;

3. 钎焊是采用比母材熔点低的金属材料作钎料,将钎料和焊件加热到高于钎料熔点,但低于母材熔点的温度,利用液态钎料润湿母材,填充接头间隙并与母材相互扩散实现连接焊件的方法,如火焰钎焊、电阻钎焊及真空钎焊等。根据使用钎料的熔点不同,可将钎焊分为软钎焊(熔点低于 450 ℃)和硬钎焊(熔点高于 450 ℃)两种。

电子产品安装工艺中所谓的"焊接"就是软钎焊的一种,主要使用锡、铅等低熔点合金材料作焊料,俗称"锡焊"。锡焊中的手工烙铁焊、浸焊、波峰焊、再流焊等在电子装配工业中有着广泛的应用,它主要由焊料和焊件组成。焊料指的是钎焊中的钎料,在锡焊中采用的是锡铅合金,熔点比较低,其共晶成分熔点只有 183 ℃。被施焊的零件通称为焊件,一般在电子工业中常指金属零件。

1. 锡焊的原理

对于锡焊操作来说最基本的就是润湿、扩散和结合层这三点。

(1) 润湿。润湿就是焊料对焊件的浸润。熔融焊料在金属表面形成均匀、平滑、连续并附着牢固的焊料层就称为润湿,它是发生在固体表面和液体之间的一种物理现象。只有焊料能润湿焊件,才能进行焊接。金属表面被熔融焊料润湿的特性叫可焊性。

(2) 扩散。锡焊的本质就是焊料与焊件在其界面上的扩散。正是扩散作用,形成了焊料和焊件之间的牢固结合,实现了焊接。

(3) 结合层。将表面清洁的焊件与焊料加热到一定温度,焊料熔化并润湿焊件表面,由于焊料和焊件金属彼此扩散,所以在两者交界面形成一种新的金属合金层,这就是所说的结合层。结合层的作用是将焊料和焊件结合成一个整体。

2. 锡焊的特点

(1) 焊料熔点低于焊件,焊接时将焊件与焊料共同加热到最佳焊接温度,焊料熔化而焊件不熔化,一般加热温度较低,对母材组织和性能影响小,变形小;

(2) 锡焊连接的形式是由熔化的焊料润湿焊件的焊接面产生冶金、化学反应形成结合层而实现的,只需要简单的加热工具和材料即可加工,投资少;

(3) 焊点有好的电气性能,适合于金属及半导体等电子材料的连接;

(4) 焊接接头平整光滑,外形美观;

(5) 焊接过程可逆,易于拆焊。

6.2 锡焊材料与工具

6.2.1 焊料

焊料是一个广泛的概念,其成分各异、熔点也不同,以适应不同焊接应用的需要。焊料通常为合金体,以两种或两种以上金属按特定比例混合而成。不同金属所合成的比例直接关系到焊料的熔点、浸润性、硬度、脆性、热膨胀系数、固有应力以及凝固时间等特性。作为电子产品的焊料需要满足以下几个基本条件:

扫一扫:
焊料与焊剂

1. 焊料熔点要低于被焊元器件;

2. 焊料具有较好的浸润性,能附着在焊物表面,并充满焊物的缝隙;

3. 焊料具有一定硬度,但又不至于过脆,即能将焊物稳定地连成一体,并具有一定强度;焊料自身具有良好的导电性;

4. 焊料在常温下要有较快的结晶速度。通常,合金金属的熔点会低于其中所含单一元素的熔点。熔点在 450 ℃以上的焊料称为"硬焊料",熔点在 450 ℃以下的焊料称为"软焊料"。通常电烙铁使用的焊料在 200 ℃左右能变成液态,即为软焊料。

实际工作中,通过改变金属比例以及加入新元素都能改变焊料的熔点和浸润性。锡的熔点约为 232 ℃。为了降低熔点,人们会加入一定比例的铅。含 63% 锡和37%铅的锡铅焊料是制造业使用最普遍的焊料,它的熔点为183℃,其性能得到大家的一致认可。63%锡和37%铅组成的焊锡称为共晶焊锡,所谓共晶焊锡是指焊锡在一定温度下直接由固态转变为液态,不存在固液共存的半融状态。

出于环保方面的要求,现在流行使用无铅焊料。所谓无铅焊料就是用其他元素代替传统焊锡中的铅,替代方案很多都包括使用不同比例的铋、铟、锌、铜、银等元素,目的也是降低熔点、增加浸润性、增加硬度以及较少脆性。考虑均衡性能和成本,目前国内工业上用得较多的是锡–铜、锡–银–铜、锡–银3种合金,其中锡–铜焊料价格最低、应用也最广,但熔点也最高(一般为227℃)。对于手工焊接用户来说,锡–铜焊料与传统锡铅焊料感觉差异不大,但用于回流焊则熔点偏高,通常在回流焊中多采用熔点较低的"锡–银"或"锡–银–铜"焊料。无铅焊锡丝的价格要明显高于传统锡铅焊锡丝,尤其是含银量较高的焊料。

根据实际需要的不同,焊料按不同的规定尺寸加工成型,有片状、块状、棒状、带状和丝状等多种形式和分类。

1. 丝状焊料 手工焊接常用的焊锡料形态有焊锡丝和焊锡条。通常,焊锡条是纯合金条,现在已很少使用。焊锡丝分为纯焊锡丝和助焊型复合焊锡丝。助焊型复合焊锡丝芯内含有以松香为主的复合助焊剂等活性助焊成分。焊锡丝有粗有细,用户可以根据焊点的大小来选择焊锡丝的粗细。在无铅化的时代,焊锡丝成分多样,包括传统有铅焊锡丝和各种配比的无铅焊锡丝,焊丝的成分和配比一般都会在包装上标明。

2. 片状焊料 常用于硅片及其他片状焊件的焊接。

3. 带状焊料 常用于自动装配芯片的生产线上,用自动焊机从制成带状的焊料上冲切一段进行焊接。

4. 焊锡膏 焊锡膏是将锡合金粉末与助焊剂按一定比例混合后呈半液态膏状的焊料。焊接时先将焊锡膏涂在印刷电路板上,然后进行焊接,通常用于回流焊及自动装片工艺上。

6.2.2 焊剂

焊剂有助焊剂和阻焊剂两种。

1. 助焊剂 通常是以松香为主要成分的混合物,是保证焊接过程顺利进行和致密焊点的辅助材料。助焊剂具有良好的化学活性,能够破坏金属氧化膜使氧化物漂浮在焊锡表面而被清除,有利于焊锡的浸润和焊点合金的生成,同时可以覆盖在焊料表面,防止焊料或金属继续氧化。助焊剂可以降低融化焊锡的表面张力,使焊锡能更好地附着在金属表面。一般使用的助焊剂熔点要比焊料低,所以助焊剂能够加快热量从烙铁头向焊料和被焊物表面传递,合适的助焊剂还能使焊点美观。

2. 阻焊剂 阻焊剂是一种耐高温的涂料。在焊接时可将不需要焊接的部位涂上阻焊剂保护起来,使焊接仅在需要焊接的焊接点上进行。阻焊剂广泛用于浸焊和波峰焊。阻焊剂能够防止焊锡桥连造成短路,使焊点饱满,减少虚焊,而且有助于节约焊料。由于板面部分为阻焊剂膜所覆盖,焊接时板面受到的热冲击小,因而避免起泡、分层。

6.2.3 锡焊工具

扫一扫:
电烙铁

1. 电烙铁

电烙铁是最常用的焊接工具。现代电烙铁引入了复杂的控制电子线路,实现了很多新功能,并且提升了电烙铁性能,但总体上依然传承了电烙铁的经典结构。

(1) 电烙铁的结构

经典的电烙铁由手柄、发热体、烙铁头三大主要部分构成。

① 电烙铁手柄   电烙铁手柄的作用是把持电烙铁和隔热,常见的电烙铁为笔形外形。手柄位于电烙铁的后部,一些特殊的电烙铁也有将手柄做成手枪柄形的。早期电烙铁手柄多为木质材料,随着塑料科技的发展,电烙铁的手柄渐渐被各种塑料注塑件替代。因为塑料件塑型容易、隔热性能尚可、外观漂亮,并且成本也不高,最主要的是容易制造出外形精致的小型电烙铁。

② 发热体   发热体是电烙铁的核心部件,传统烙铁通常将电热丝装入瓷管或铁管,并用云母片做绝缘,这种结构具有制造简单、成本低廉的优点,很多低端的电烙铁依然延续着这种结构。对于电热丝发热的电烙铁,通常其标称功率就是电热丝的功率。

③ 烙铁头   电烙铁的烙铁头通常是一个金属部件,用于传递烙铁发热体产生的热量。按照焊接接触面积大小的需要,烙铁头有尖形、马蹄形、刀型等各种形状,大小也各有不同。烙铁头除了传递热量功能外还需要具有"沾锡"特性,即在高温状态下可以将熔化的焊料附着一部分在烙铁头上。

早期的烙铁头用紫铜制作,廉价版的用黄铜制作。锡焊料能很好地附着在金属铜表面。紫铜为纯铜,黄铜为铜基合金(含锌),紫铜的导热率要高于黄铜。无论是紫铜还是黄铜,在烙铁工作的高温下都容易氧化,对于表面彻底氧化的烙铁头俗称"烙铁头被烧死",烙铁头氧化后会失去对锡焊料的附着能力,而且导热率也会降低。早期,人们常常采用锉刀和强酸,通过机械和化学的方法去除烙铁头上的氧化层,以延续烙铁头使用价值。为了延长烙铁头的寿命,人们采用在铜烙铁头上镀铁的技术,提高烙铁头抗腐蚀能力。进而又加入镍起到防锈的作用。此外,为了限制锡焊料的附着范围常还在烙铁头"非沾锡"位置镀上一厚层铬。镀铁技术关系到烙铁头的性能。镀薄了不耐用,镀厚了影响"沾锡"性能。由于存在镀层的关系,这些烙铁头被警告不能使用锉刀打磨表面,一般镀层遭到破坏,烙铁头寿命就不长了。

(2) 电烙铁的种类

传统意义上,按照发热体与烙铁头的结构关系,将电烙铁分成外热式烙铁和内热式烙铁两类,如图 6.2.1 所示;如果按发热能力又可分为 20 W、25、…、100 W 等多种。随着科技的发展,电烙铁技术也不断革新,出现了满足不同需要的各种新式的电烙铁。如用于集成 MOS 电路焊接的储能式电烙铁;用蓄电池供电的碳弧电烙铁;可同时除去焊件氧化膜的超声波电烙铁;具有自动送进焊锡装置的自动电烙铁等。

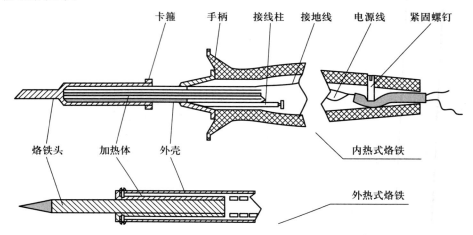

图 6.2.1　内热式与外热式电烙铁

① 外热式烙铁是电烙铁较早采用的结构形式,发热体位于烙铁头外部,烙铁头后部通常为金属杆形式,将其插入发热体中加热,然后将热量传递到烙铁头。外热式结构具有制作简单、性能稳定、寿命长的优点,虽然有热效率低、升温相对较慢的问题,但依然是大功率电烙铁和长寿命电烙铁的首选结构。

② 内热式烙铁发热体位于烙铁头内部,烙铁头的后部常被做成一个套管结构以容纳发热体。内热式结构具有热效率高、升温快的优点,但由于使用电热丝比较细,发热体工作温度高,所以寿命较难保证,通常只有中小功率的烙铁采用这种结构。内热式电烙铁另一大特点就是不易产生感应电,所以后期供精密焊接之用的烙铁和焊台大多采用内热式结构。随着电烙铁恒温、调温技术的普及,解决了内热式电烙铁发热芯容易过热的问题,内热式结构得以大量应用。

③ 感应式电烙铁也叫快速加热电烙铁,俗称焊枪,如图 6.2.2 所示。它的加热器实际是一个变压器,这个变压器的二次线圈只有几匝,当一次侧通电时,二次侧感应出大电流通过加热体,使同它相连的烙铁头迅速达到焊接所需温度。这种电烙铁的特点是加热速度快,一般通电几秒钟,即可达到焊接温度,因而,不需持续通电,它的手柄上带有开关,工作时只需按下开关几秒钟即可焊接,特别

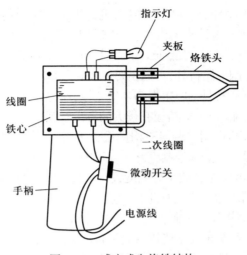

図示灯

夹板

烙铁头

线圈

铁心

二次线圈

微动开关

手柄

电源线

图 6.2.2　感应式电烙铁结构

适于断续工作的使用。但由于电烙铁头实际是变压器的二次侧,因而对一些电荷敏感器件,不宜使用这种电烙铁。

2. 温控电烙铁

早期的电烙铁没有控温设计,发热体从通电开始就一直全功率工作,靠烙铁外表面与空气环境接触自然散热达到动态的平衡(所以温度不会无限制升高)。后来,人们意识到,这样的电烙铁烙铁头实际温度要比熔化焊料所需的温度高得多,而且,当用户不使用烙铁进行焊接操作时,积蓄在烙铁头和发热体上的温度会更高。过高的温度对焊接无益,反而会严重影响发热体和烙铁头寿命。由此人们开始考虑对电烙铁附加控温措施。初期的调温烙铁并不复杂,只需要在电烙铁供电回路中增加一小块控制板,并在发热体中增加一个温度探头。原理是根据温度探头反馈的参数与预设值进行比较,并控制供电电路通断,切断电源铬铁温度会自然下降,接通电源,烙铁温度会逐渐上升。如此不断往复,使得烙铁实际温度保持在预设温度附近。实践证明,温控电路基本不影响焊接工作,同时可以大幅度提升发热体和烙铁头的寿命。温控电路板可以做得很小,甚至可以安装到普通电烙铁的手柄里,早期的调温电烙铁一般提供几挡固定温度供用户选择,电源指示灯外,与普通直柄笔形烙铁无异。具有温度恒定特性的烙铁也被称为恒温烙铁,恒温烙铁有可调温型和固定温度型两种,好的恒温烙铁可以将烙铁头温度控制在设定值的 ±5 ℃范围内,对元器件和线路板焊盘都非常有利。温控电烙铁外形如图 6.2.3 所示。

3. 恒温焊台

焊台是调温电烙铁的进一步发展,所谓焊台,是将电烙铁的控制机构独立到手柄之外。焊台通常分为控制器和烙铁手柄两部分,成套焊台中还会提供一个精致的烙铁架。焊台的结构便于维护,更适于工业化使用,其烙铁头方便被替换,并且有多种形状的烙铁头可供选择,以适用不同的用途。

目前,大部分焊台都采用低压工作,并具有防静电和调温功能。在焊台外置的控制器中,除了控制电路板外,占据主要体积和重量的是变压器,它负责将220 V市电转换成低压电(通常是24 V),提高了安全性,通过一些接地措施提升了产品防静电、防感生电的性能。由于电路板有较大的自由空间,所以可以使用一些略复杂、但温控效果更好的电路,用户调温机构操作也更为方便,调温也几乎是无级可调。在数字化的时代,焊台功能和控制电路也在不断发展,功能方面,很多中、高挡焊台提供了数字温度显示功能和数字化温度设定功能,用户可以直观地了解当前烙铁的工作温度,并更精确地设定烙铁工作温度。单片机也被引入到焊台的控制电路中,使得焊台更加智能化。目前,焊台通过单片机可以记忆几组常用温度设定,还可以校正烙铁头温度,甚至设定待机时间和自动休眠时间,对烙铁的控制方式也趋于智能化,这就使得烙铁具有更高的精度。恒温焊台外形如图6.2.4所示。

图6.2.3　温控电烙铁

图6.2.4　恒温焊台

4. 无铅焊台

由于人们意识到金属铅对人体的潜在危害,以及废弃电路板上含铅焊料对环境的污染,所以要求对电子产品也实行无铅化。无铅焊接首先要求更换传统锡铅焊料的配方,剔除传统配方中的铅元素,同时新配方中不能引入新的有毒元素,真正达到绿色环保。其次,元器件引脚和焊接工具也不应含有铅的成分。常用的63/37锡铅焊料的共晶温度为183 ℃,主流无铅焊料会略高于这个温度,所以理论上要求烙铁能够提供更多的热量。无铅焊台就是为适应无铅焊料,满足无铅焊接要求的焊接工具。对于恒温焊台,如果配备较大功率的发热体就可以改善回温速度,并使工作中较少出现恒温的波动。

5. 吸锡器

吸锡器,是修理电器用的工具,收集拆卸焊盘电子元件时熔化的焊锡。有手动和电动两种,大部分采用活塞式。简单的吸锡器是手动式的,多为塑料制品,头部采用耐高温塑料制成。常见的吸锡器主要有吸锡球、手动吸锡器、电热吸锡器、防静电吸锡器、电动吸锡枪以及双用吸锡电烙铁等。按照吸筒壁材料又可分为塑料吸锡器和铝合金吸锡器。使用时,先把吸锡器末端的滑杆压入,听到"咔"声后表明吸锡器已被固定。再用烙铁对焊接点加热,使焊接点上的焊锡熔化,同时将吸锡器靠近焊接点,按下吸锡器上面的按钮即可将焊锡吸上。若一次未吸干净,可重复上述操作。

6. 热风枪

热风枪又称贴片电子元器件拆焊台,是利用发热电阻丝的枪芯吹出的热风对元件进行焊接与摘取元件的工具。它有 4 种类型:普通型,质量最差;标准型,适用于维修手机等;数字温度显示型,在标准型的基础上多了个数字温度显示;高温型,温度可达 800 ℃,甚至 900 ℃。在不同的场合,对热风枪的温度和风量等有特殊要求,风量过大会吹跑小元件,温度过低无法完成拆焊,温度过高会损坏原件及线路板。

扫一扫:
热风枪

7. 烙铁支架

烙铁支架配合电烙铁使用,是电烙铁的必备附属工具,由一个底座和一个靠放烙铁的架子组成,是电子产品生产、维修必备工具。目前市场上有插拔式单簧管烙铁架、自动焊锡烙铁架等多种类别。

8. 空芯针

空芯针是电子制作中专拆针脚元件、拆焊元器件的工具。在常规小功率电烙铁的配合下,空心针可以方便灵活地拆卸各种不同的电子元件。空芯针采用外径为 0.8 mm、1.0 mm、1.2 mm、1.4 mm、1.6 mm、1.8 mm、2.0 mm 的不锈钢管,一端注塑于手柄之中,在手柄前、后部短、长凹槽中,涂有不同颜色的油漆或在手柄尾部增有可以旋转的顶帽,顶帽和手柄用不同颜色的塑料制成。使用时,将针孔插入元器件引脚,烙铁倾斜 45°。使烙铁头接触针脚锡位加热,这样做的目的是使接触面积增大,能快速熔化焊锡。另外一只手拿一个直径相当的空芯针,直立地插入针脚,略微旋转即可使元件引脚与电路板铜箔彻底分离。

6.2.4　辅助工具

1. 尖嘴钳

尖嘴钳又称修口钳、尖头钳,它们由尖头、刀口和钳柄组成,钳柄上套有能耐受额定电压 500 V 的绝缘套管,材质一般为中碳钢。尖嘴钳主要用来剪切线径较细的单股与多股线,以及给单股导线接头弯圈、剥塑料绝缘层等,能在较狭小的工作空间操作,不带刀口者只能夹捏工作,带刀口者能剪切细小零件。尖嘴钳是电工,尤其是内线器材等装配及修理工作常用的工具之一。

扫一扫:
尖嘴钳的使
用

扫一扫：
斜嘴钳的使用

2. 斜嘴钳

斜嘴钳用于切断金属丝，让使用者在特定环境下获得舒适的抓握剪切角度。斜嘴钳广泛用于电子行业制造和模型制作中。手柄有单色沾塑手柄、双色沾塑手柄、PVC 或 TPR 套柄等，花色繁多。常用规格为 5 英寸、6 英寸和 7.5 英寸。

3. 剥线钳

扫一扫：
剥线钳的使用

剥线钳由刀口、压线口和钳柄组成，在剥除电线头部的表面绝缘层时使用。它是内线电工、电动机修理、仪器仪表电工常用的工具之一。剥线钳的常用规格有：140 mm，160 mm，180 mm（全长）。

4. 螺丝刀

扫一扫：
螺丝刀

螺丝刀又称改锥、改刀、起子、旋凿，是一种用来拧转螺丝钉以迫使其就位的工具，通常有一个薄楔形头，可插入螺丝钉头的槽缝或凹口内。质量上乘的螺丝刀的刀头采用硬度较高的弹簧钢为材质。好的螺丝刀标准为硬而不脆，硬中有韧。螺丝刀按功能用途可分为普通螺丝刀、组合型螺丝刀、电动螺丝刀、钟表起子、小金刚螺丝起子；按结构形状可分为直形、L 形、T 形；按头型可分为一字、十字、米字、星型、方头、六角头等。

5. 美工刀

美工刀俗称刻刀或壁纸刀，电子制作时用来切割所有质地较软的东西，多为塑刀柄和刀片两部分组成，为抽拉式结构。也有少数为金属刀柄，刀片多为斜口。美工刀有多种型号。

6. 镊子

镊子，制作中经常用于夹持导线、元件及集成电路引脚等。不同的场合需要不同的镊子，一般要准备尖头、平头、弯头镊子各一把。根据制作材质不同镊子分为：不锈钢镊子、晶片镊子、竹镊子、医用镊子、防静电塑料镊子、防静电不锈钢可换头镊子、防静电可换头镊子、不锈钢防静电镊子等。其中，防静电镊子特别适用于精密电子元件生产、半导体及计算机磁头等行业。

6.2.5 通用电路板

通用电路板又称万用板、洞洞板、点阵板，是一种按照标准 IC 间距（2.54 mm）布满焊盘、可按自己的意愿插装元器件及连线的印制电路板。相比专业的 PCB 制板，洞洞板具有以下优势：使用门槛低，成本低廉，使用方便，扩展灵活。

1. 通用板的分类

通用电路板主要有两种，一种焊盘各自独立称为单孔板，另一种是多个焊盘连在一起称为连孔板。单孔板又分为单面板和双面板两种。单孔板较适合数字电路和单片机电路，连孔板则更适合模拟电路和分立电路。另外根据材质的不同，通用版可分为铜板和锡板。铜板的焊盘是裸露的铜，呈现金黄色，平时应该用报纸包好保存以防止焊盘氧化,一旦焊盘氧化,可以使用棉棒蘸酒精清洗或用橡皮擦拭。焊盘表面镀了一层锡的是锡板,焊盘呈现银白色,锡板的基板材质要比铜板坚硬,不易变形。

扫一扫:
通用电路板

2. 通用板的使用

在焊接通用板之前,需要准备足够的细导线用于走线。细导线分为单股线和多股线:单股硬导线可将其弯折成固定形状,剥皮之后还可以当作跳线使用;多股细导线质地柔软,焊接后显得较为杂乱。对于元器件在通用电路板上的布局,可以先在纸上做好初步的布局,然后用铅笔画到通用电路板正面(元件面),继而也可以将走线也规划出来,方便自己焊接。对于万用板的焊接,一般是利用前面提到的细导线进行飞线连接,飞线连接没有太大的技巧,但尽量做到水平和竖直走线,整洁清晰。

3. 通用板的焊接技巧

很多初学者焊的板子很不稳定,容易短路或断路。除了布局不够合理和焊工不良等因素外,缺乏技巧是造成这些问题的重要原因之一。掌握一些技巧可以使电路反映到实物硬件的复杂程度大大降低,减少飞线的数量,让电路更加稳定。

(1)初步确定电源、地线的布局:电源贯穿电路始终,合理的电源布局对简化电路起到十分关键的作用。某些通用板布置有贯穿整块板子的铜箔,应将其用作电源线和地线;如果无此类铜箔,你也需要对电源线、地线的布局有个初步的规划。

(2)善于利用元器件的引脚:洞洞板的焊接需要大量的跨接、跳线等,不要急于剪断元器件多余的引脚,有时候直接跨接到周围待连接的元器件引脚上会事半功倍。另外,本着节约材料的目的,可以把剪断的元器件引脚收集起来作为跳线用材料。

(3)善于设置跳线:多设置跳线不仅可以简化连线,而且要美观得多。

(4)善于利用元器件自身的结构:轻触式按键有 4 只脚,其中两两相通,我们便可以利用这一特点来简化连线,电气相通的两只脚充当了跳线。

6.3 锡焊工艺

在电工、电子产品装配过程中,为了避免连接处被焊金属的移动和露在空气中的金属表面产生氧化层导致导电率的不稳定,通常用焊接工艺来处理金属导体的连接。

6.3.1 锡焊工艺要求及基本条件

1. 锡焊工艺要求

焊接点必须焊牢,具有一定的机械强度,每个焊接点都是被焊料包围的接点。焊接点的焊锡必须充分渗透,其接触电阻要小,具有良好的导电性能。焊接点表面干净、光滑并有光泽,焊接点的大小均匀。在焊接中要避免虚焊(假焊)、夹生焊等焊接缺陷现象的出现。

2. 锡焊基本条件

(1) 焊件必须具有可焊性。只有能被焊锡浸润的金属才具有可焊性。并非所有的金属材料都具有良好的可以进行锡焊的性质,有些金属,如铝、铬、铸铁等,可焊性非常差,一般需要采用特殊焊剂及方法才能进行焊接。即使一些容易焊的金属,如紫铜及其合金等,因为表面容易产生氧化膜,一般须采用表面镀锡、镀银等措施来提高其可焊性。

(2) 焊件表面必须保持清洁。金属之间的扩散必须满足两块金属接近到足够小的距离,为了使焊锡和焊件达到原子间相互作用的距离,焊件表面任何污物杂质都应清除,否则难以保证焊接质量。

(3) 使用合适的焊料。不合格的焊料或杂质超标的焊料都会影响到焊接,影响焊料润湿性和流动性,降低焊接质量,甚至不能进行焊接。所以锡焊能够进行的条件之一就是使用合适的焊料。

(4) 使用合适的焊剂。焊剂的作用是清除焊件表面氧化膜并减小焊料熔化后的表面张力,以利浸润。焊接不同的材料要选用不同的焊剂,即使是同种材料,当采用焊接工艺不同时也往往要用不同的焊剂。

(5) 要有适当的温度。只有在足够高的温度下,焊料才能充分浸润,并充分扩散形成合金结合层。但由于锡焊是焊料熔化而母材(或称为焊件)不熔化的焊接技术,所以温度不宜过高,而且过高的温度还会加快金属的氧化。所以作为焊接条件必须要掌握的就是要有适当的温度。

6.3.2 锡焊工艺过程

锡焊按照其工作原理一般可分为焊前准备、焊件装配、加热焊接、焊后清理及质量检验等多道工序。

1. 焊前准备

(1) 焊前的清洁和搪锡。搪锡也就是预焊或镀锡,它是为了使金属表面在随后的焊接中易于被焊料浸润而预先进行一次浸锡处理的方法,实际上搪锡是锡焊的核心。元器件引线一般都镀有一层薄的焊料,但时间一长,引线表面会产生一层氧化膜,降低可焊性,而且焊接不良的镀层,未形成结合层,只是在焊件表面粘了一层焊锡,这种镀层很容易脱落。所以,除少数有良好银、金镀层的引线外,大部分元器件在焊接前都要先去除氧化物,做好焊前清洁,然后搪上一层锡。通常是用刮刀或砂纸去除元器件引线的氧化层。应注意不得划伤和折断引线。对于扁平封装的集成电路引线,一般在焊前不作清洁处理,但要求元器件在使用前妥善保存;如果引线弄脏氧化,不允许用刮刀清除氧化层,只能用绘图橡皮轻擦,并应先成型处理后再搪锡。

(2) 搪锡方法:导线端头和元器件引线的搪锡方法有电烙铁搪锡、搪锡槽搪锡和超声波搪锡等。在大规模生产中,从元器件清洗到搪锡,这些工序都由自动生产线完成。中等规模的生产也可以使用搪锡机给元器件搪锡。在手工锡焊和小批量生产中,常用的搪锡方法是电烙铁搪锡和搪锡槽搪锡。

(3) 搪锡的质量要求:

① 经过搪锡的元器件引线和导线端头,搪锡处距元器件引线根部和导线绝缘层应留有一定的距离,至少应在 1 mm 以上。

② 被搪锡表面应光滑明亮,无拉尖的毛刺,焊料层厚薄均匀,无残渣和焊剂黏附。

③ 搪锡后的元器件外观无损伤、裂痕,漆层无脱落,标志保持清晰。

④ 未搪锡的导线外绝缘层无烫伤、烧焦等损坏痕迹。

(4) 搪锡的注意事项:

① 通过试搪锡操作,熟悉并严格控制搪锡的温度和时间,要使用有效的焊剂;搪锡场地应通风良好,及时排除污染气体。

② 搪锡面要清洁,元器件引线去除氧化膜或导线剥去绝缘层后应立即搪锡,以免再次被氧化;对轴向引线的元器件搪锡时,一端引线搪锡后,要等元器件充分冷却后才能进行另一端引线的搪锡;部分非密封的元器件,一般不宜用搪锡槽搪锡,可采用电烙铁搪锡,防止焊料和焊剂渗入元器件内部。

③ 在规定的时间内,若搪锡质量不好,可待搪锡件冷却后,再进行第二次搪锡;若质量依旧不好,应立即停止操作并找出原因。

④ 经搪锡处理的元器件和导线要及时使用,妥善保存。

2. 焊件的装配和加热焊接

做好焊前准备后,接下来就是把待焊的元器件按要求组装好,进行加热焊接。大批量工业生产中,装配和焊接都是由自动生产线完成的;对于数量少的或进行调试和维修的电子产品往往都由手工进行。

3. 焊后处理

焊后清理在锡焊中广泛应用松香系列焊剂,一般条件下它不会造成麻烦,故焊后清洗的必要性不大;但是在某些微型件焊接后松香残留物将导致元器件的绝缘能力降低而产生故障,所以常用无水酒精把焊剂清洗干净。特别是焊接铝及其合金时使用的腐蚀性焊剂,清洗不好会导致随后整个接头因焊剂残留物的腐蚀作用而破坏,更要选择合适的清洗剂进行清洗。

重焊处理。对于不合格的焊点需要重新焊接,先观察原焊点处的焊锡是否光亮,如已经发黑,最好用吸锡器把原来的焊锡吸掉。如果对于可以倒过来的印制电路板,可以把板子倒过来用电烙铁加热焊点使焊锡自然吸附在烙铁头上,以此清除原来的焊锡。

4. 焊接质量检验

现在电子设备故障的近一半是由于焊接不良引起的,一个虚焊点就可能造成整套仪器设备的瘫痪,所以焊接结束后,要对焊接质量进行检验。焊接质量的检验主要是外观检验和电性能检验。

(1) 外观检验:电子产品在装配焊接完毕后,用人工的方式来检查电路板的焊接质量,通常称为外观检验。目前自动焊接系统生成的印制电路板可以不进行这一步,但如果电路板是手工制作或自动生成的在电检验后出现问题时,这步将是不可缺少的。焊接的外观检验标准主要有以下四条。

① 焊点表面明亮、平滑并且有光泽。

② 焊料层均匀薄润,结合处的轮廓隐约可见;焊料与焊件交界处平滑,接触角应尽可能小。

③ 焊接外形应以焊件为中心,匀称、成裙形拉开。

④ 无裂纹、针孔、夹渣。

(2) 外观检验的方法:

① 目测法。用目测看焊点的外观质量及电路板整体的情况是否符合外观检验标准,检查各焊点是否有漏焊、连焊、桥接、焊料拉尖、焊料飞溅以及导线及元器件绝缘的损失等焊接缺陷。

② 手触法。用手触摸元件,但不是用手去触摸焊点,对可疑焊点也可以用镊子轻拉引线,这对发现虚焊、假焊特别有效;可以检查有无导线断线、焊盘剥离等缺陷。

(3) 电性能检验:检验电路性能的关键步骤就是通电检查。通电检查必须是在外观检验和连线无误后才能进行,通常可以发现目测法观测不到的微小焊接缺陷。例如,通电检查时发现元器件失效或性能降低,可能就是由于焊接时温度过高所引起;如果发生短路现象,就可能产生了桥接、虚焊或焊料飞溅等焊接缺陷;如果发生断路现象,就有可能是焊点开焊、漏焊或焊盘脱落;如果发现电路导通时断时通,就可能发生了虚焊或松香焊等焊接缺陷。但是,有许多内部的焊接隐患是不易被察觉的,所以最根本的还是要提高焊接操作的技术水平和焊前的准备工作。

6.3.3 手工锡焊技术

手工装配焊接方法仍然在产品研制、设备维修,乃至一些小规模、小型电子产品的生产中广泛地应用,它是锡焊工艺的基础。

1. 焊接操作姿势

手工操作时,应注意保持正确的姿势,有利于健康和安全。正确的操作姿势是：挺胸端正直坐，切勿弯腰，鼻尖至烙铁头尖端至少应保持 20 cm 以上的距离，通常以 40 cm 时为宜(因为根据各国卫生部门的测定，距烙铁头 20~30 cm 处的有害化学气体、烟尘的浓度是卫生标准所允许的)。

2. 电烙铁拿法

根据电烙铁大小的不同和焊接操作时的方向和工件不同，可将手持电烙铁的方法分为反握法、正握法和握笔法三种，如图 6.3.1 所示，握笔法由于操作灵活方便，被广泛使用。

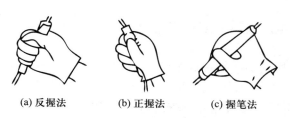

(a) 反握法 (b) 正握法 (c) 握笔法

图 6.3.1　电烙铁握法

3. 递焊锡丝

手工操作时常用的焊料是焊锡丝。用拇指和食指捏住焊锡丝，端部留出 3~5cm 的长度，并借助中指往前送料。由于焊锡丝中有一定比例的铅，它是对人体有害的重金属，因此操作时应戴手套或操作后洗手。

4. 手工焊接操作步骤

手工焊接操作同样满足锡焊工艺过程。一般根据实践的积累，在工厂中，常把手工锡焊过程归纳成八个字："一刮、二镀、三测、四焊"。

(1)"刮"就是处理焊接对象的表面。焊接前，应先进行被焊件表面的清洁工作，有氧化层的要刮去，有油污的要擦去。

(2)"镀"是指对被焊部位搪锡。对于元件引脚没有氧化的，镀层良好的可免去搪锡。

(3)"测"是指对搪过锡的元件进行检查，在电烙铁高温下是否变质。

(4)"焊"是指最后把测试合格的、已完成上述三个步骤的元器件焊到电路中。

焊接完毕要进行清洁和涂保护层并根据对焊接件的不同要求进行焊接质量的检查。

5. 五步施焊法：手工锡焊作为一种操作技术，必须要通过实际训练才能掌握，对于初学者来说进行五步施焊法训练是非常有成效的。五步施焊法也叫五步操作法，如图 6.3.2 所示，它是掌握手工焊接的基本方法。

(1)准备。准备好被焊工件，电烙铁加温到工作温度，烙铁头保持干净并吃

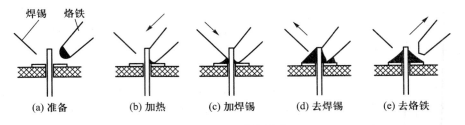

图 6.3.2　五步施焊法

好锡,一手握好电烙铁,一手抓好焊料(通常是焊锡丝),电烙铁与焊料分居于被焊工件两侧。

(2) 加热。烙铁头接触被焊工件,包括工件端子和焊盘在内的整个焊件全体要均匀受热,一般让烙铁头扁平部分(较大部分)接触热容量较大的焊件,烙铁头侧面或边缘部分接触热容量较小的焊件,以保持焊件均匀受热。不要施加压力或随意拖动烙铁。

(3) 加焊丝。当工件被焊部位升温到焊接温度时,送上焊锡丝并与工件焊点部位接触,熔化并润湿焊点。焊锡应从电烙铁对面接触焊件。送锡要适量,一般以有均匀、薄薄的一层焊锡,能全面润湿整个焊点为佳。如果焊锡堆积过多,内部就可能掩盖着某种缺陷隐患,而且焊点的强度也不一定高;但焊锡如果填充得太少,就不能完全润湿整个焊点。

(4) 移去焊料。熔入适量焊料(这时被焊件已充分吸收焊料并形成一层薄薄的焊料层)后,迅速移去焊锡丝。

(5) 移开电烙铁。移去焊料后,在助焊剂(市售焊锡丝内一般含有助焊剂)还未挥发完之前,迅速移去电烙铁,否则将留下不良焊点。电烙铁撤离方向与焊锡留存量有关,一般以与轴向成 45° 的方向撤离。撤掉电烙铁时,应往回收,回收动作要迅速、熟练,以免形成拉尖;收电烙铁的同时,应轻轻旋转一下,这样可以吸除多余的焊料。

另外,焊接环境空气流动不宜过快。切忌在风扇下焊接,以免影响焊接温度。焊接过程中不能振动或移动工件,以免影响焊接质量。对于热容量较小的焊点,可将(2)和(3)合为一步,(4)和(5)合为一步,概括为三步法操作。

6. 初学时应注意的几个问题:对初学者来说,首先要求焊接牢固、无虚焊;其次是注意焊点的大小、形状及表面粗糙度等。具体要求注意下列几个问题。

(1) 焊锡不能太多,能浸透接线头即可。一个焊点一次成功,如果需要补焊时,一定要待两次焊锡一起融化后方可移开烙铁头。

(2) 焊接时必须扶稳焊件,特别是焊锡冷却过程中不能晃动焊件,否则容易造成虚焊。

（3）焊接各种管子时，最好用镊子夹住被焊管子的接线端，避免温度过高损坏管子。

（4）装在印制电路板上的元器件尽可能为同一高度，元器件接线端不必加套管，把引线剪短些即可，这样便于焊接，又可避免引线相碰而短路。

（5）元器件安装方向应便于观察极性、型号和数值。

7. 手工锡焊技术要领：

（1）焊件表面处理和保持烙铁头的清洁。

（2）焊锡量要合适，不要用过量的焊剂，实际焊接时，一定要用合适的焊锡量，得到合适的焊点。

过量的焊剂不仅增加了焊后清洗的工作量，延长了工作时间，而且当加热不足时，会造成"夹渣"现象。合适的焊剂是熔化时仅能浸湿将要形成的焊点，不要流到元件面或插座孔里。

（3）采用正确的加热方法和合适的加热时间，加热时要靠增加接触面积加快传热，不要用烙铁对焊件加力，因为这样不但加速了烙铁头的损耗，还会对元器件造成损坏或产生不易察觉的隐患。所以要让烙铁头与焊件形成面接触而不是点或线接触，还应让焊件上需要焊锡浸润的部分受热均匀。加热时还应根据操作要求选择合适的加热时间。加热时间太长，温度太高容易使元器件损坏，焊点发白，甚至造成印制电路板上铜箔脱落；而加热时间太短，则焊锡流动性差，很容易凝固，使焊点成"豆腐渣"状。

（4）焊件要固定，加热要靠焊锡桥，在焊锡凝固之前不要使焊件移动或振动，否则会造成"冷焊"，使得焊点内部结构疏松，强度降低，导电性差。实际操作时可以用各种适宜的方法使焊件固定，或使用可靠的夹持措施。如果焊接时所需焊接的焊点的形状很多，为了提高电烙铁的加热效率，又不能不断更换烙铁头，这就需要形成热量传递的焊锡桥。所谓焊锡桥，就是靠烙铁上保留少量焊锡作为加热时烙铁头与焊件之间传递热量的桥梁。由于金属液的导热效率远高于空气，而使焊件很快被加热到焊接温度，应注意，作为焊锡桥的焊锡保留量不可过多。

（5）烙铁撤离有讲究，不要用烙铁头作为运载焊料的工具。烙铁撤离要及时，而且撤离时的角度和方向对焊点的形成有一定的关系。不同撤离方向对焊料的影响如图 6.3.3 所示。

因为烙铁头温度一般都在 300 ℃左右，焊锡丝中的焊剂在高温下容易分解失效，所以用烙铁头作为运载焊料的工具，很容易造成焊料的氧化，焊剂的挥发；在调试或维修工作中不得已用烙铁头沾焊锡焊接时，动作要迅速敏捷，防止氧化造成劣质焊点。

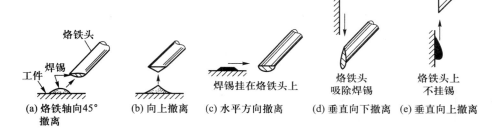

图 6.3.3　烙铁撤离方向

6.3.4　手工贴片焊接技术

扫一扫:
手工贴片焊接

　　现在产品批量生产的过程中,对于贴片元件一般都是机器焊接,很少人工焊接,而且由于贴片元件的封装越来越小化,人工焊接明显影响效率。同传统的封装相比,它可以减少电路板的面积,易于大批量加工,布线密度高。贴片电阻和电容的引线电感大大减少,在高频电路中具有很大的优越性。但是,作为研究人员和维修人员,良好的焊接功底往往是手工焊接练来的。手工焊接的好坏除了影响电路的功能,同时影响美观。

　　进行手工贴片焊接前,准备好要焊接的元件及工具,保持工作台的干净整洁。开通烙铁电源,使烙铁预热到预订温度,一般 300 度左右即可。电烙铁的烙铁头有圆头和方头之分,使用的时候不一定要很尖的那种,但焊接的时候一定要将烙铁头擦干净再用。温控烙铁的焊台上有海绵,倒点水让海绵泡起来,供擦拭烙铁头用。

　　1. 阻容元件的焊接

　　阻容元件封装较小,有 0805、0603、0402、0201 封装等。焊接元件的时候不必涂抹助焊剂,如松香等,先在一个焊盘上点焊锡,然后用镊子加紧元件,平移到焊锡处,烙铁头靠近焊锡,再稍用力平推元件,使焊锡平滑的地元件连接好,撤出烙铁头。然后用同样的方法为另一侧镀锡。烙铁头一般保持与水平成 45° 为好。如图 6.3.4 所示。

图 6.3.4　阻容元件贴片焊接

2. 表贴芯片的焊接

对于引脚较多但间距较宽的贴片芯片,一般引脚的数目在 6–20 之间,脚间距在 1.27 mm 左右,焊接时,先在一个焊盘上镀锡,然后左手用镊子夹持元件将一只脚焊好,再用锡丝焊其余的引脚,如图 6.3.5 所示。

图 6.3.5　表贴芯片的焊接

对于引脚密度相对比较高(如 0.5 mm 间距)的元件,由于其引脚的数目相对比较多且密,引脚与焊盘的对齐是关键。通常选择在对角的焊盘上镀很少的锡,然后用镊子将元件与焊盘对齐,注意要使所有引脚的边都对齐,稍用力将元件按在 PCB 板上,用烙铁将镀锡焊盘对应的引脚焊好。焊好后松开元件,但不要大力晃动电路板,而是轻轻将其转动,将其余对角上的引脚先焊上。当四个角的引脚都焊好以后,元件基本保持不动,这时将剩余的引脚依次焊上。焊接的时候可以先涂一些松香水,让烙铁头带少量锡,一次焊一个引脚。操作过程中如果将相邻两只引脚短路,可以等全部引脚焊完后吸锡清理即可。

对于引脚多的芯片,还可以通过脱焊的方法焊接。先在电路板上焊芯片的焊盘上涂一层助焊剂,然后将芯片和电路板上标识对齐,一定要仔细,注意方向。对齐后,用按住芯片不让其移动,点焊锡固定一侧,然后在另一侧也涂焊锡。然后用吸锡材料等吸掉多余的焊锡,再用酒精棉擦拭板子。

3. 贴片焊的几种焊接方法

(1) 点焊,需要用比较尖的烙铁头对着每个引脚焊接,对电烙铁的要求较高,而且焊接速度慢,还有可能虚焊和粘焊。

(2) 拖焊:是在电路板和 IC 管脚上均匀涂上松香溶液或者助焊剂,在焊锡完全融化后朝一个方向拖动焊锡的焊接方式。比点焊速度快,焊接效果没有拉焊好,有时候引脚上的焊锡不均匀,而且可能会粘焊。

(3) 拉焊,在焊接过程中烙铁头并没有接触焊盘而是焊锡球。由于焊锡球的张力,各个引脚上的焊锡很均匀且不多,这是一种简捷可靠的焊接方法。

6.4　印制电路板焊接

印制电路板布线方式以其节省空间、组装速度高以及可靠、一致的焊接质量在整个电子产品制造中占有极其重要的地位,所以印制电路板的装配与焊接质量对整机产品的影响是十分重要的。尽管在现代化生产中印制板的装焊已经日臻完善,实现了自动化,但在产品研制、维修领域主要还是手工操作的,况且手工操作经验也是自动化获得成功的基础。

6.4.1 印制电路板的焊接过程

1. 焊接前的准备

(1) 印制电路板的检查 在插装元件前一定要检查印制电路板的可焊性,图形,孔位及孔径是否符合图纸要求,有无断线、缺孔等;表面处理是否合格,有无氧化发黑或污染变质并看其有无短路、断路、孔金属化不良以及是否涂有助焊剂或阻焊剂等。大批量生产的印制板,出厂前必须按检查标准与项目进行严格检测,所以其质量都能保证。但是,一般研制品或非正规投产的少量印制板,焊接前必须仔细检查,否则在整机调试中,会带来很大麻烦。如只有几个焊盘氧化严重,可用蘸有无水酒精的棉球擦拭之后再上锡。如果板面整个发黑,建议不使用该电路板;若必须使用,可把该电路板放在酸性溶液中浸泡,取出清洗、烘干后涂上松香酒精助焊剂再使用。

(2) 元器件检查 主要检查元器件品种、规格及外封装是否与图纸吻合,元器件引线有无氧化、锈蚀等。如果拿到的元器件端子表面有杂质、氧化物等须用工具把它除去。一般使用小刀等锋利工具,注意不要把端子弄断,也不要把原来的涂层刮掉,然后再上锡。

(3) 预焊处理 印制电路板铜箔面和元器件的引线都要经过预焊,以有利于焊料的润湿。电路板和各元器件都是用包装盒进入插装工序的。为了保险起见,应对所有预焊面和导线表面的氧化膜进行清理后方可插装。

(4) 元器件引线的成型 虽然印制电路板上的元器件插孔是根据元件的具体形状安排的,但在元件插上去的时候还需做一些调整,例如,电阻元件是直线状的,放到电路板上的时候一定要进行端子处理,也就是元器件引线的成型。对元器件成型的要求主要有以下几点。

① 成型方法应能承受热冲击,引线根部不产生应力,元器件不受热传导的损伤。

② 所有元器件引线不得从根部打弯,一般应留出 2 mm 以上的距离。因为制造工艺上的原因,根部容易折断。

③ 成型过程中任何弯曲处都不允许出现直角,即要有一定的弧度,圆弧半径应大于引线直径的 1~2 倍,否则会使得弯折处的导线截面变小,电器特性变差。

④ 有字符的元器件面要尽量置于容易观察的位置。

⑤ 印制电路板上一般要求元器件端子不能过长,以防短路和电气性能变坏。但有时考虑到散热和其他的因素,可能要求元件的端子过长,这时就需要在这些端子上套上绝缘套管,防止短路。为了便于检查和维修,电子产品中导线和套管的颜色是有一定规定的。大规模生产时,元器件成型多采用模具成型;平常手工操作时可以用尖嘴钳或镊子成型。

(5) 元器件引线的成型方法 几种元器件引线的成型方法如图 6.4.1 所示。

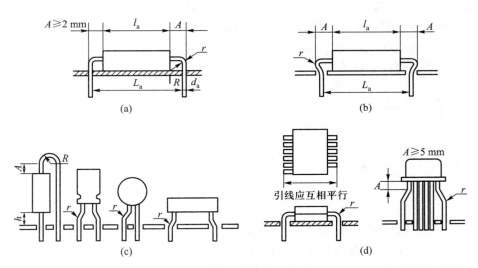

图 6.4.1 元器件引线的成型

① 图 6.4.1(a)是常用的标准成型法,引线打弯处距离元件根部应留出 2 mm以上的距离,圆弧的半径厂大于元件引线直径的 2 倍,元件根部和插孔的距离 R大于元件直径。

② 图 6.4.1(b)的做法一般在维修或手工制作时,当元件和插孔不相符的时候采用,正规产品中是不能出现的。

③ 图 6.4.1(c)一般是当印制电路板上的元件比较多,排列密集,需垂直插装时常用的成型方法,要求元件根部距插孔的高度 h、弯折处和元件根部的距离A 均大于 2 mm。

④ 图 6.4.1(d)是集成电路元件的成型方法。

(6) 元器件的插装 印制电路板焊接前要把元器件插装在电路板上。

① 水平插装。也称为贴板插装或卧式插装,它是将元器件水平地紧贴在印制电路板上的插装方式。这种插装方法稳定性好,插装简单,容易排列,维修方便,但不利于散热,且对某些安装位置不适应。电阻和二极管常采用这种插装方式。

② 垂直插装。也称为悬空插装或立式插装，它是将元器件垂直插装在电路板上的一种方法。它所插装的元件密度大，适应范围广，有利于散热，拆卸较方便，但插装较复杂并且需要控制一定的插装高度以保持美观一致。一般的晶体三极管常采用这种插装方式。

③ 变压器的插装。变压器的插孔在设计时一般放在印制电路板的边上，最好靠近印制电路板的固定处，否则印制电路板受压过大，易被折断。变压器一般本身带有固定脚，安装时把固定脚插入印制电路板对应插孔即可；对于放在印制电路板上的大型电源变压器需要用螺钉将其固定，螺钉上要加弹簧垫片。

④ 大电容插装。可用弹性夹固定在印制电路板上。

一般被焊件的插装方法如图 6.4.2 所示。

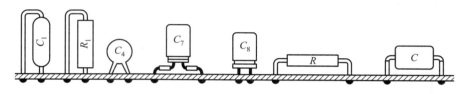

图 6.4.2　被焊件的插装

(7) 插装时的工艺要求

① 插装时应首先保证图纸中的安装工艺要求，其次按实际安装位置确定。一般无特殊要求时，只要位置允许，常采用水平插装。

② 插装时应注意元器件字符标记方向一致，容易读出。一般单面板的规则插孔只有水平和垂直两个方向，可以为这两个方向分别设置一个排列方向；双面板一般两个面的插孔分别具有水平和垂直两个方向，那样只要给每个面指定一个排列方向即可。符合阅读习惯的安装方向是从左到右，从下到上的。

③ 插装时不要用手直接碰元器件引线和印制板上的铜箔。因为手汗中的盐分、尿素能腐蚀铜箔，它们和油渍都会影响焊接性能。

④ 插装后为了固定可对引线进行折弯处理。元器件插到印制电路板上的插孔后，为了保证锡焊后焊点具有一定的机械强度，其引线穿过焊盘应留出 1~2 mm 的端子，所以插装后要对端子进行处理。常用的处理方法有直插式、半打弯式和全打弯式。直插式端子不打弯，拆卸方便，但能承受的机械强度较小；半打弯式将端子弯成 45°，全打弯式将端子弯成 90°，具有很高的机械强度，但拆卸困难。

2. 印制电路板的焊接

(1) 焊接印制电路板时的注意事项。焊接印制电路板时，除了遵循锡焊的工艺要求，手工锡焊要领和相应的操作技巧外，还应注意以下几点。

① 电烙铁的选择。焊接印制电路板时,一般应选内热式20~40 W 或调温式,温度不超过300 ℃的电烙铁为宜。烙铁头形状应根据印制板焊盘大小进行选择,以不损伤电路为原则。目前印制板发展趋势是小型密集化,因此一般常用小型圆锥烙铁头。

② 加热方法。加热时应尽量使烙铁头同时接触印制板上铜箔和元器件引线。对较大的焊盘(直径大于 5 mm)焊接时可移动烙铁,即电烙铁绕焊盘转动,以免电烙铁在铜箔一个地方停留加热时间过长,导致局部过热,可能会使铜箔脱落和形成局部烧伤。焊接加热时间一般以 2~3 s 为宜。

③ 焊料填充的方法。当达到焊接温度后,先向烙铁头接触引线的部位添加少量焊料,再稍向引线的端面移动电烙铁头,在引线端面上填上焊料。随后围绕导线画半圆弧并向铜箔方向逐点下移烙铁头,一点一点的填入焊料,使整个引线与铜箔润湿焊料。焊接点上的焊料与焊剂要适量,焊料以包着引线灌满焊盘为宜。

④ 金属化孔的焊接。两层以上的电路板的孔都要进行金属化处理。金属化孔的铜箔体积较大,要求焊接时不仅要让焊料润湿焊盘,而且孔内也要润湿填充。

⑤ 耐热性差的元器件应使用工具辅助散热。耐热性差的元器件在焊接加热时,为了阻止高温传至元器件内,常使用散热片或散热器。

⑥ 晶体管装配与焊接一般在其他元件焊好后进行,每个管子的焊接时间不要超过 5~10 s,并使用钳子或镊子夹持端子散热,防止烫坏管子。

(2) 焊接工序　一般进行印制电路板焊接时应先焊较低的元件,后焊较高的元件和要求比较高的元件。印制板上的元器件都要排列整齐,同类元器件要保持高度一致,保证焊好的印制电路板整齐、美观。

3. 焊后处理

① 剪去多余引线。

② 焊接结束后,要检查印制电路板上所有元器件引线的焊点,看是否有漏焊、虚焊现象需进行修补。

③ 根据工艺要求选择清洗液清洗印制电路板。一般情况下使用松香焊剂后印制电路板不用清洗。涂过焊油或氯化锌的,要用酒精擦洗干净,以免腐蚀印制电路板。

6.4.2　印制电路板上典型元件的焊接

1. 铸塑元件的锡焊

像开关、插接件等采用热铸塑方式制成的元件,不能承受高温。当对这类铸塑元件施焊时,如不注意控制加热时间,极容易造成塑性变形,导致元件失效或降低性能。

（1）在元件预处理时，尽量清理好接点，确保一次镀锡成功，不要反复镀，尤其将元件在锡锅中浸镀时，更要掌握好浸入深度及时间。

（2）焊接时烙铁头要修整尖一些，焊接一个接点时不碰相邻接点电接触点内部。

（3）镀锡及焊接时要加少量的助焊剂并防止浸入电接触点内部。

（4）铬铁头在任何方向均不要对接线片施加压力。

（5）在保证润湿的情况下焊接时间越短越好。焊后不要在塑壳未冷却前对焊点做牢固性试验。

2. 簧片类元件接点锡焊

（1）要进行可靠的预焊，安装不要太紧，以免变形。

（2）加热时间要尽量短。

（3）不可对焊点任何方向加力，以免造成静触片变形。

（4）焊锡应尽量少用。

3. 集成电路的焊接

集成电路的安装焊接有两种方式，一种是将集成块直接与印制电路板焊接；另一种是先把专用插座（IC 插座）焊在印制板上，然后将直插式集成块插入。在焊接集成电路时，应注意下列事项。

（1）对于镀金处理的端子，不要用刀刮，可以用酒精擦洗或用绘图橡皮擦干净即可。

（2）CMOS 电路如果事先已将各引线短路，焊前不要拿掉短路线，好的 CMOS 电路内部有防静电电路，可不必短路。

（3）焊接时间应尽可能短，一般不超过 3 s。

（4）最好使用恒温烙铁；也可用 20 W 内热式、接地线接触良好的电烙铁；若用外热式，最好采用烙铁断电，用余热焊接，必要时还要采取人体接地的措施。

（5）工作台必须覆盖有可靠接地线的金属板，所使用的电烙铁应可靠接地，集成电路不可与台面经常摩擦。工作台上如果铺有橡皮、塑料等易于积累静电的材料，那么集成电路芯片及印制电路板不宜放在台面上。

（6）烙铁头应修整尖一些，使焊一个端点时不会碰相邻端点，焊接时要防止落锡过多。

（7）集成电路焊脚需要弯曲时不可用力过猛。

（8）直接在印制板上焊集成电路时，应按地端—输出端—电源端—输入端的顺序焊接。

4. 瓷片电容、发光二极管、中周等元件的焊接

这类元器件加热时间过长就会失效，瓷片电容、中周等元件会造成内部接点开焊，发光二极管则会损坏管芯。焊接前一定要处理好焊点，施焊时一定要快，

还可采用辅助散热措施,避免过热失效。

6.5 导线焊接

各类导线示意图如图 6.5.1 所示。导线焊接在电子产品装配中占有重要位置。出现故障的电子产品中,导线焊点的失效率高于印制电路板,因此有必要对导线的焊接工艺给予重视。

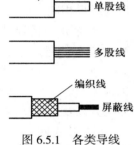

图 6.5.1 各类导线

6.5.1 导线焊接过程

1. 导线焊前处理

（1）去绝缘层 导线焊接前要先除去连接端头的绝缘层。去除绝缘层可用普通工具或专用工具。大规模生产中有专用工具。一般手工操作常使用的是偏口钳、剥线钳或简易的剥线器。

① 单股导线。也就是所说的硬线,绝缘层内只有一根导线。对于外面涂有绝缘漆的漆包线也是单股导线。一般用偏口钳或剥线钳剥去绝缘层。

② 多股导线。也就是所说的软线,使用非常广泛,绝缘层内有多根细的芯线。一般用剥线钳去掉绝缘层,但芯线较容易弄断,所以要正确选择口径合适的剥线钳,接着需要把多股导线的线头进行捻头处理,即按芯线原来的捻紧方向继续捻紧,使其成为一股。也可以在剥除绝缘层时,按芯线原来捻紧的方向边搓边拧。

③ 同轴电缆。一般也称为屏蔽线,它具有四层结构。在绝缘层里面的是屏蔽层（金属线编织而成）,第二层是绝缘体（由塑料等有机物做成）隔离屏蔽层,最内部的是金属导线。同样结构的还有高频传输线。对于同轴电缆的端头处理时,首先剥掉最外面的绝缘层,接着把露出的金属编织线根部向外拆开,并把编织线捻紧成一个引线状,剪掉多余部分,然后把剥出的一段内部绝缘导线切除一部分绝缘体,露出导线。

（2）预焊 预焊又称为挂锡,刚剥去绝缘外皮的导线端部要立即进行预焊。导线端头预焊的方法同元器件引线预焊一样,但注意导线挂锡时要边上锡边旋转,旋转方向与拧合方向一致。烙铁头工作面放在距离露出的裸导线根部一定距离处加热,因为绝缘层在高温下绝缘性能会下降。挂锡时,挂锡导线的最大长度应小于裸线的长度。

2. 导线焊接

导线的焊接有三种基本形式:绕焊、钩焊、搭焊。

(1) 导线同接线端子的焊接 通常,导线与接线端子的连接都应采用压接钳压接,但对某些无法压接连接的场合可采用焊接的方式。

① 绕焊。这种焊接方式也称为网焊,把经过镀锡的导线端头在接线端子上缠一圈,用钳子拉紧缠牢后进行焊接,如图 6.5.2 所示。绕接较复杂,但连接可靠性高。绕接时注意导线一定要紧贴端子表面,绝缘层不接触端子。

② 钩焊。这种焊接方式是将导线端子弯成钩形,钩在接线端子上并用钳子夹紧后进行焊接,如图 6.5.2 所示。钩焊强度低于绕焊,但操作简便。端头的处理与绕焊相同。

③ 搭焊。搭焊是将经过镀锡的导线搭在接线端子上进行焊接的一种导线焊接方式,如图 6.5.2 所示。这种方式最简便,但强度和可靠性也最差,仅用于临时连接或不便于绕焊和钩焊的地方以及某些接插件上。这里 $L=1\sim3$ mm。

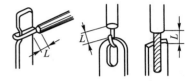

图 6.5.2 导线同接线端子的焊接

(2) 导线同导线的焊接 导线之间的焊接以绕焊为主,操作步骤如图 6.5.3 所示。它是将去掉绝缘皮并经过上锡的两根导线先穿上合适的套管,然后把它们绞合在一起进行焊接,并趁热将套管套上,这样冷却后套管就固定在接头处了,也可使用具有热缩功能的套管,用热风吹,受热后套管收缩套牢。一般对于粗细不等的两根导线,将较细的缠绕在粗的导线上;对于粗细差不多的两根导线,一起绞合。

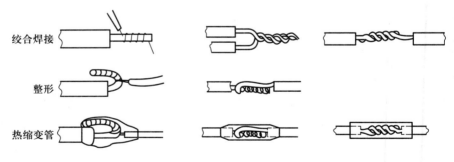

图 6.5.3 导线同导线的焊接

对于在调试或维修过程中需要临时进行连接的导线,也可采用搭焊的方法。

3. 焊后处理

(1) 对电线电缆的清洗 在对铜质导线、电缆、电机、变压器等进行焊接时,为了去除氧化膜,通常都使用含卤族元素的盐类作为焊剂。这类焊剂的去氧化膜能力强,但残余焊剂对母体造成的电化腐蚀和化学腐蚀会将导体一层一层地腐蚀掉,很多这类接头几个月之内就遭到破坏,用手就可以撕开;特别是焊接多股芯线电缆时,焊剂将沿着芯线间的孔隙,以毛细作用向电缆内部渗入,造成所谓的蚀芯现象,所以焊后必须进行清洗。清洗通常是在焊后立即用沸水清洗,多芯电缆要清洗较长时间(约 5 min),然后用干净的热水漂清。

(2) 扎线把 在电子设备中,为了能使仪器内部整齐美观,便于检查,通常将焊好的导线扎起来。对于批量产品,可先把导线扎好线把,处理好导线头。焊好的导线扎线把示意图如图 6.5.4 所示。

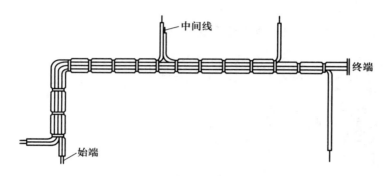

图 6.5.4 焊好的导线扎线把

6.5.2 导线在典型焊件上的焊接

1. 片状焊件上的焊接

片状焊件一般都有焊线孔,往焊片上焊接导线时要先将焊片、导线镀上锡,焊片的孔不要堵死,将导线穿过焊孔并弯曲成钩形,然后再用电烙铁焊接,不应搭焊。如果焊片上焊的是多股导线,最好用套管将焊点套上,这样既保护焊点不易和其他部位短路,又能保护多股导线不容易散开。具体步骤如图 6.5.5所示。

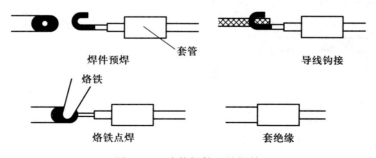

图 6.5.5 片状焊件上的焊接

2. 杯形焊件上的焊接

杯形焊件的接头多见于接线柱和接插件,一般尺寸较大,多和多股导线连接,焊前应对导线进行镀锡处理。具体操作方法如图 6.5.6 所示。

图 6.5.6(a)往杯形孔内滴一滴焊剂,若孔较大,可用脱脂棉蘸焊剂在杯内均匀擦一层;

图 6.5.6(b)用烙铁将焊锡熔化,使其流满内孔;

图 6.5.6(c)将导线垂直插入到焊件底部,移开电烙铁,保持导线不动,一直到凝固;

图 6.5.6(d)完全凝固后立即套上套管。

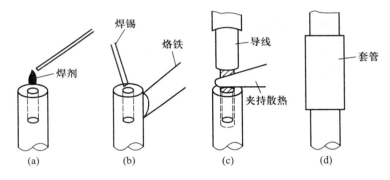

图 6.5.6 杯形焊件上的焊接

3. 槽形、柱形、板形焊件上的焊接

这类焊件一般没有供缠线的焊孔,可采用绕、钩、搭接等连接方法,如图 6.5.7 所示。每个接点一般仅接一根导线,一般都应套上合适尺寸的塑料套管。

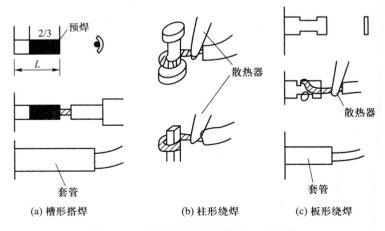

(a) 槽形搭焊   (b) 柱形绕焊   (c) 板形绕焊

图 6.5.7 槽形、柱形、板形焊件上的焊接

4. 在金属板上焊导线

将导线焊到金属板上,关键是往板上镀锡。一般金属板表面积大,吸热多而散热快,要用功率较大的烙铁或增加焊接时间。紫铜、黄铜、镀锌板等都很容易镀上锡,如果要使焊点更牢靠,可以先在焊区用力划出一些刀痕再镀锡。有些表面有镀层的铁板,不容易上锡,但这种焊件容易清洗,可使用少量焊油。

6.6　拆焊

在装配、调试和维修过程中,常需将已经焊接的连线或元器件拆除或更换,这个过程就是拆焊。在实际操作上,拆焊比焊接难度更大,更需要用恰当的方法和必要的工具,如果方法不得当,就会使印制电路板受到破坏,也会使更换下来而能利用的元器件无法重新使用。拆焊一般只是用于开始的焊接设计安装阶段,成型后就用不到拆焊了。

1. 一般焊接点的拆焊　对于钩焊、搭焊等一般的焊接点,拆焊比较简单,只需对焊点加热,熔化焊锡,然后用镊子或尖嘴钳拆下元器件引线即可。对于焊点上连线缠绕牢固的焊接点,拆焊比较困难,而且容易烫坏元器件或导线绝缘层,在拆除这类焊点时,一般可在离焊点较近处将元器件引线剪断,然后再拆除焊接线头,以便与新的元器件重新焊接。

2. 印制电路板上焊接件的拆焊　对印制电路板上焊接元器件的拆焊,与焊接时一样,动作要快,对印制电路板焊盘加热时间要短,否则将烫坏元器件或导致印制电路板的铜箔起泡剥离。常用的拆焊方法有分点拆焊法、集中拆焊法和间断加热拆焊法三种。

(1) 分点拆焊法。对于印制电路板的电阻、电容、晶体管、普通电感、连接导线等元件,端子不多,一般只有两个焊点,可用分点拆焊法,先拆除一端焊接点的引线,再拆除另一端焊接点的引线并将元件(或导线)取出。但是,因为印制电路板焊盘经反复加热后铜箔很容易脱落,造成印制板损坏,所以这种方法不宜在一个焊点上多次用。在可能多次更换的情况下可用断线法更换元件,先将待换元件在离焊点较近处剪断,然后用搭焊或细导线绕焊的方法更换元件。

(2) 集中拆焊法。对于焊点多而密的集成电路这类多引线的接插件和焊点距离很近的转换开关、立式装置等元件,可采用集中拆焊法。先用电烙铁和吸锡工具,逐个将焊接点上的焊锡吸去,再用排锡管将元器件引线逐个与印制电路板焊盘分离,最后将元器件拔下。

(3) 间断加热拆焊法。对于有塑料骨架且引线多而密集的元器件,由于它们的骨架不耐高温,宜采用间接加热拆焊法。拆焊时,先用烙铁加热,吸去焊接点焊锡,露出元器件轮廓,再用镊子或捅针挑开焊盘与引线间的残留焊锡,最后用烙铁头对引线未挑开的个别焊接点加热,待焊锡熔化时,趁热拔下元器件。

6.7 工业生产锡焊

扫一扫:
工业生产锡焊

各种机械化、自动化的焊接工艺及装备的发展,很大程度上以其高效、省力等优点而取代了手工焊接操作。这样在印制电路板工业生产中大量采用自动焊接机进行焊接,出现了浸焊、波峰焊以及再流焊等工业生产用焊接技术。

6.7.1 浸焊

在工业生产中对于多品种小批量生产的印制电路板一般采用浸焊的方法。浸焊的设备较简单,操作也容易掌握,但焊渣不易清除,质量不易保证。

1. 浸焊方法

先将元器件插装在印制电路板上,再将安装好的印制电路板浸入熔化状态的焊料液中,一次完成印制板上的焊接,焊点以外不需连接的部分通过在印制板上涂阻焊剂或用特制的阻焊板套在印制板上来实现。

常采用的浸焊设备如图 6.7.1 所示,这两种浸焊设备都配备有预热及涂助焊剂的装置,还可以做到自动恒温。图(a)为夹持式浸焊设备,由操作者掌握浸入时间,通过调整夹持装置可调节浸入角度;图(b)为针床式浸焊设备,通过针架调节机构可以控制浸焊时间,浸入及托起的角度。

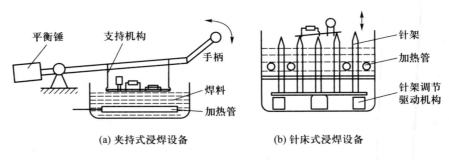

(a) 夹持式浸焊设备　　　　(b) 针床式浸焊设备

图 6.7.1　工业浸焊

2. 浸焊工艺过程

浸焊除了有预热的工序外,焊接过程基本与手工焊接类似。

(1) 元器件安装　除了不能承受焊料槽内温度的元器件及不能清洗的元器件外,在浸焊前要把元器件插装在印制电路板上。

(2) 加助焊剂浸焊所用的助焊剂为松香系列。助焊剂的涂敷方法如下。

① 浸焊前可用排笔向被焊部位涂刷助焊剂,涂刷时印制电路板应竖立,不

要使助焊剂从插件孔流到反面,以免污染插好的元器件。

② 也可采用发泡法,即使用气泵将助焊剂溶液泡沫化,从而均匀涂敷在印制板上。

(3) 预热加助焊剂后,要用红外线加热器或热风预热,加热到 100 ℃左右,再进行浸焊。

(4) 浸焊预热到适当的温度后,随即进行浸焊,在焊料槽中,印制电路板接触熔化状态的焊料,达到一次焊接的目的。浸焊印制电路板的焊料通常都是采用锡质量分数为 60%或 63%的锡铅焊料;焊料槽的温度保持在 240 ℃~260 ℃;一般浸焊时间为 3~5 s。

(5) 冷却印制电路板被拉离焊料槽的液面后,由于仍有余热(热传导的惯性还会使温度上升一些),就可能使元器件和印制电路板发生过热和损坏。因此,拉离液面的印制电路板,应立即用冷风或其他方法进行冷却。

(6) 特殊元器件的焊接对于不能承受焊料槽内温度的元器件以及不能清洗的元器件,在浸焊前,没有往印制电路板上插装,待浸焊完并冷却之后,再将这类元器件插装到电路板上用烙铁焊接,这时,可以采用散热器散热。

(7) 清洗浸焊后的清洗主要是对助焊剂残渣的处理,清洗液一般用异丙醇或其他有机溶剂。

(8) 浸焊后的修理

① 印制电路板浸焊后,经过检查,如发现个别的不合格焊点,可用烙铁进行修焊;

② 如发现缺陷较多,特别是焊料润湿多数不良时,可以再浸焊一次,但最多只能重复浸焊两次。

6.7.2 波峰焊

元件自动装配机加上波峰焊机是现在大量采用的自动焊接系统。波峰焊适合于大面积、大批量印制电路板的焊接,在工业生产中得到了广泛的应用。

1. 波峰焊的方法

液态焊料经过机械泵或电磁泵打上来,呈现向上喷射的状态,经喷嘴喷向印制电路板,焊接时,由传送带送来的印制电路板以一定速度和倾斜角度与焊料波峰接触同时向前移动,完成焊接,这种焊接方法称为波峰焊。

2. 波峰焊的工艺流程

波峰焊除了在焊接时采用波峰焊机外,其余的工艺及操作与浸焊类似。其工艺流程可表述为:元器件安装—装配完的印制电路板放到传送装置的夹具上—喷涂助焊剂—预热—波峰焊—冷却—印制电路板的焊后处理。

3. 波峰焊的优缺点及改进

（1）优点

① 由于大量的焊料处于流动状态，使得印制电路板的被焊面能充分地与焊料接触，导热性好。

② 显著地缩短了焊料与印制电路板的接触时间。

③ 运送印制电路板的传动系统只作直线运动，制作简单。

（2）缺点　焊料在很高的温度下以很高的速度喷入空气中，氧化较多，生成的氧化物往往会造成各种形式的焊接缺陷。

（3）改进措施　针对波峰焊的焊料在喷射形成波峰时所存在的缺陷，许多国家的公司都做了很多努力进行改进，如美国 RCA 公司的阶流焊接方式，Electrovert 公司的标准入形焊接方式等。此外，瑞士研制的电磁式电动泵，能把焊料与空气隔开，喷射动作只是在印制电路板到达喷口时才开始，避免了无用的流动，氧化非常少。

6.7.3　再流焊

再流焊是伴随微型化电子产品的出现而发展起来的一种新的锡焊技术。再流焊操作方法简单，焊接效率高、质量好、一致性好，而且仅元器件引线下有很薄的一层焊料，是一种适合自动化生产的微电子产品装配技术。

1. 再流焊

又称回流焊，它是先将焊料加工成一定粒度的粉末，加上适当液态黏合剂，使之成为有一定流动性的糊状焊膏，用它将待焊元器件粘在印制电路板上，然后加热使焊膏中焊料熔化而再次流动，从而将元器件焊到印制电路板上的焊接技术。

2. 再流焊的工艺流程

再流焊的工艺流程可简述如下：将糊状焊膏涂到印制电路板上—搭载元器件—再流焊—测试—焊后处理。

6.7.4　焊接技术的发展

由于电子产品不断向微型化发展和绿色环保的要求，使得现代电子焊接技术得到了新的改观，它具有以下几个主要特点。

（1）使用无铅焊料及免清洗技术。

（2）大规模生产中，应用计算机集成制造系统，提高焊接的效率和质量。

（3）采用特种焊接、无铅焊接、无加热焊接等多种焊接方法。

第7章
电子工程实践

7.1 电子工程实践的内容

电子工程实践课是电子技术课程重要的实践性教学环节,是本科教学中的一个重要组成部分。电子工程实践训练可以增强学生综合素质和感性认识、拓展学生思维空间并培养其工程实践能力。

7.1.1 电子工程实践的目的与要求

1. 电子工程实践的目的

通过电子工程实践训练培养学生独立解决实际工程问题的能力,巩固电子技术课程所学的理论知识和实验技能,掌握电子元器件基础知识及安全应用常识,掌握电子电路的焊接、装配、检测与调试,具备印制电路板设计等基本的电子工艺知识和技能,为今后深入学习电子电路的设计、电子产品的研制打下基础。

2. 能力培养要求

(1) 综合运用电子技术理论知识独立完成一个电子设计课题的制作;

(2) 学习电烙铁等各种电子实训工具及其辅材的使用方法;

(3) 熟悉常用电子元器件的选择与检测方法;

(4) 进一步掌握各种电子仪器仪表的使用方法;

(5) 学会电子电路的设计方法和技巧;

(6) 学会制作电子电路,掌握手工焊接与调试电子产品的方法;

(7) 了解现代电子生产厂完成电子产品的全套生产、装配过程;

(8) 学会撰写实践总结报告;

(9) 了解科研的基本程序,为今后的工作发展打下基础。

7.1.2 电子工程实践教学安排

电子工程实践是在教师指导下,通过学生独立完成课题来达到对学生进行综合性训练的目的。电子工程实践教学以班级为基本单位,每人一题,配置2名指导教师。本校教师可根据自己的具体条件,从中选择若干课题,供学生选择。

1. 电子工程实践教学过程

(1) 实践任务安排与布置题目

① 总体方案设计和方案选择；

② 元器件选择和元器件参数计算；

③ 画出电路图，进行电路仿真。

(2) 实践技能训练

① 元器件的焊接与拆焊技能训练

② 制作印制电路板，元器件焊接；

③ 调试和故障分析处理；

(3) 撰写实践总结报告。

2. 实践总结报告的要求

(1) 实践题目名称；

(2) 实践的目的和安排；

(3) 实践任务内容和要求；

(4) 方案选择与论证，系统设计思路与总体方案的可行性论证，各功能块的划分与组成，全面介绍总体工作过程或工作原理；

(5) 单元电路设计与分析，各单元电路的选择、设计及工作原理分析，并介绍有关参数的计算及元器件参数的选择；

(6) 电路的安装与调试，电路安装调试过程中所遇到的问题，分析和解决措施，数据记录与结果分析；

(7) 心得体会、存在问题和改进意见等。

3. 实践效果评价与考核

成绩主要从工作态度与表现、基本理论、基本技能、实践报告编写质量与答辩效果等几方面考虑，分优秀、良好、中等、及格、不及格五等。各级评分标准如下：

(1) 优秀。实习期间，积极主动、态度端正，按期完成实习内容，操作熟练、规范、标准，独立拆装，效果良好。服从统一管理，积极配合老师工作。基本理论掌握扎实，对考核问题回答流利，实习报告整洁、清晰、有条理。

(2) 良好。实习期间，积极主动、态度端正，按期完成实习内容，操作较熟练、规范，不违章操作。能配合好指导老师的统一管理，对基本理论掌握较好，回答问题较流利，实习报告质量较高。

(3) 中等。实习期间，较积极主动，态度端正，基本遵守实习规章制度，按期完成实习内容，操作基本规范、合格，拆装基本正确，能配合统一管理。对实习内容基本掌握，回答问题基本正确，实习报告较通顺、有条理。

(4) 及格。态度基本端正，在老师及同学的帮助下，基本按期完成实习任务。

基本理论掌握一般,对考核内容掌握偏差,经提示方能回答部分问题。

(5) 不及格。态度较差,不能按期完成实习内容,违章操作。对实验室有破坏性行为。基本理论掌握较差,拆装步骤有原则性错误,对考核内容掌握极差,经提示后仍不能回答问题,实习报告内容缺损,错误较多、质量差。对那些严重违反实验室规章制度,逃课、旷课,不服从统一管理,不能掌握实习内容者,取消实习资格。

7.2 电子工程实践题选

7.2.1 波形发生器

1. 设计任务

设计制作一台能产生方波、三角波和正弦波的波形发生器。

2. 设计要求

(1) 输出频率范围为 0.02 Hz~20 kHz 且连续可调;

(2) 正弦波幅值为 ±6 V,失真度小于 2%;

(3) 方波幅值为 ±6 V;

(4) 三角波峰峰值为 12 V;

(5) 各种波形幅值均连续可调。

3. 设计要点

(1) 可以采用正弦波振荡电路产生正弦波输出,正弦波通过波形变换电路得到方波输出,方波经积分电路后得到三角波输出、锯齿波输出;

(2) 亦可采用多谐振荡器产生方波输出,方波经积分电路后得到三角波输出,方波经滤波后可得正弦波输出。

(3) 可以选择使用 555 定时器灵活组成各种波形发生电路。

(4) 波形发生器参考原理框图如图 7.2.1 所示。

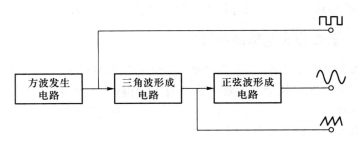

图 7.2.1 波形发生器原理框图

4. 设计内容

(1) 设计电路后,用 Multisim 软件进行仿真;

(2) 制作印刷电路板;

(3) 焊接、调试;

(4) 写设计实践总结报告,实践总结报告要求有电路图、原理说明、电路所需清单、电路参数计算、元件选择、确定测试电路方法、测试结果分析等。

7.2.2 多功能直流电源

1. 设计任务

设计制作一台具有稳压、恒流的多用电源。

2. 设计要求

(1) 输出 1.25~20 V 可调直流电压;

(2) 输出 40~1000 mA 可调恒定电流;

(3) 稳压电源最大输出为 1 A;

(4) 当负载为 1 A 时,电压误差不大于 2%;

(5) 恒定电流为 100 mA 时,电阻变化范围为 0~200 Ω,电流误差不大于 1%。

3. 设计要点

(1) 电路可采用以 LM317 为核心构成;

(2) 恒流部分可采用三极管和 LM317 共同完成;

(3) 为减少 LM317 的功耗,电源变压器二次侧可采用多挡电压输出,作为可调稳压电源的粗调电压。

4. 设计内容

(1) 设计电路后,用 Multisim 软件进行仿真;

(2) 制作电路板;

(3) 焊接、调试;

(4) 写设计实践总结报告,实践总结报告要求有电路图、原理说明、电路所需清单、电路参数计算、元件选择、确定测试电路方法、测试结果分析等。

7.2.3 语音放大电路的设计

在日常生活和工作中,经常会遇到语音信号不良的情况。例如在打电话时,有时因声音太大或干扰太大而难以听清对方的讲话,需要一种既能放大话音信号又能降低外来噪声的仪器。具有类似功能的实用电路实际上就是一个能识别不同频率范围的小信号放大系统。

1. 设计任务

设计制作一个集成运算放大器组成的语音放大电路,能对声音信号进行不失真的放大。

2. 设计要求

（1）最大不失真输出功率 $P_{om} \geqslant 5$ W。

（2）负载阻抗 $R_L = 4$ Ω。

（3）带通频率范围为 300 Hz~3 kHz。

（4）输入信号的幅度 $\leqslant 10$ mV。

（5）输入阻抗 $R_i \geqslant 100$ kΩ。

3. 设计原理

语音放大电路的原理框图如图 7.2.2 所示，由前置放大电路、有源带通滤波电路和功率放大电路组成。由于输入信号比较小，如传感器输出信号一般只有 5 mV 左右，因此由前置放大电路把该信号放大。声音是通过空气传播的一种连续的波，一般把频率低于 20 Hz 的声波称为次声波，频率高于 20 kHz 的声波称为超声波，这两类声音人耳是听不到的，人耳可以听到的声音频率在 20 Hz~20 kHz 之间，称为音频信号。人的发音器官可以发出频率在 80 Hz~3.4 kHz 之间，但说话的音频信号频率通常在 300 Hz~3 kHz 之间。这种频率范围的音频信号称为语音信号，为了能更好地放大语音信号，需要设计频率范围在 300 Hz~3 kHz 之间的带通滤波电路。功率放大电路的主要作用是向负载提供功率，要求输出功率尽可能满足需要，转换效率尽可能高，非线性失真尽可能小。通常，可由输入信号、最大不失真输出功率和负载阻抗等，求出总的电压放大倍数（增益）A_u。

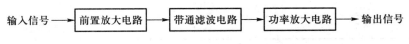

输入信号 ——→ 前置放大电路 ——→ 带通滤波电路 ——→ 功率放大电路 ——→ 输出信号

图 7.2.2　语音放大电路的原理框图

4. 设计内容

（1）设计电路后，用 Multisim 软件进行仿真；

（2）制作电路板；

（3）焊接、调试；

（4）写设计实践总结报告，实践总结报告要求有电路图、原理说明、电路所需清单、电路参数计算、元件选择、确定测试电路方法、测试结果分析等。

7.2.4　流水灯电路

流水灯电路是单片机学习的入门电路，在单片机上很容易实现。只要了解 I/O 接口的操作，处理好延时与 LED 点亮顺序就能实现各种速度和花样的流水灯效果。

扫一扫：
流水灯电路
（贴片）

1. 设计任务

使用数字电路芯片制作流水灯电路,用一串 LED 灯制作出灯光的流动效果。

2. 设计要求

(1) 利用计数器芯片实现 10 个 LED 灯的流水灯控制;

(2) 8 个 LED 流水灯控制。

3. 设计原理

在电子电路中能实现流水灯的常见方法是使用十进制计数器 / 译码器芯片 CD4017。CD4017 是 5 位 Johnson 计数器,具有 10 个译码输出端,CP、CR、INH 输入端。时钟输入端具有脉冲整形功能,对输入时钟脉冲上升和下降时间无限制。INH 为低电平时,计数器在时钟上升沿计数;反之,计数功能无效。CR 为高电平时,计数器清零,具体见表 7.2.1。

表 7.2.1　CD4017 引脚功能

引脚	接口定义	功能
1~7,9~11	Q0~ Q9	计数 / 码输出端
8	Vss	电源负极(地)
12	CO	进位输出端
13	INH*	禁止输入端
14	CP*	计数输入端
15	CR*	复位输入端
16	Vdd	电源正极

图 7.2.3 所示是加入 NE555 的自动流水灯电路,NE555 的输出引脚直接连到 CD4017 的 CP,调节 NE555 的电容、电阻能改变 LED 的流动速度。

CD4017 制作流水灯最多可接 10 个 LED,做少于 10 个 LED 时,由于没有使用的 LED 引脚一样会占用流动时间,流水效果不再连贯。图 7.2.4 是把 CR 引脚直接接在 Q8 引脚上,计数到 Q8 时会输出高电平,高电平恰好使 CR 变成高电平,导致计数器复位,回到 Q0 输出。这样 LED 只有与 Q0~Q7 连接的 8 个 LED 有效。

4. 设计内容

(1) 设计电路后,用 Multisim 软件进行仿真;

(2) 制作电路板;

(3) 焊接、调试;

(4) 写设计实践总结报告,实践总结报告要求有电路图、原理说明、电路所需清单、电路参数计算、元件选择、确定测试电路方法、测试结果分析等。

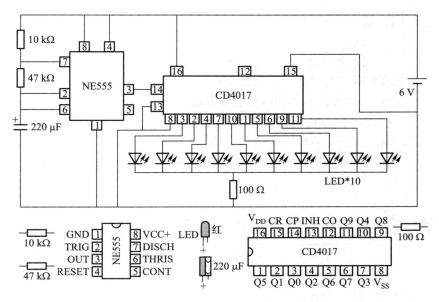

图 7.2.3 自动流水灯电路原理图

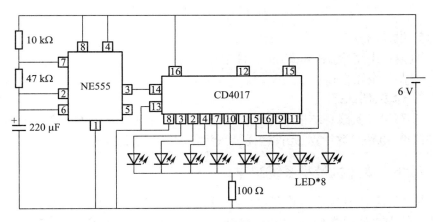

图 7.2.4 流水灯电路二

7.2.5 数字式电容表

1. 设计任务

设计制作一台数字式电容表。

2. 设计要求

(1) 要求能测试的电容容量在 100 pF~100 μF 范围内；

(2) 至少设计制作两个以上的测量量程；

(3) 用 3 位数码管显示测量结果。

3. 设计要点

(1) 要实现电容的测量，首先要解决将电容的大小转换成与之成正比的脉冲数目，或者转换成与之成正比的电压大小，然后将这一电压再变成对应的脉冲数目。比较简单的办法是利用单稳态触发器，将被测电容 C_x 变换成与之对应的脉冲宽度 T_w，$T_w \approx 1.1RC_x$。用这一脉冲宽度 T_w 作门控信号去控制一个计数器对时基脉冲作计数，然后对计数值译码，其原理方框图如图 7.2.5 所示。

(2) 量程的分挡设置方法有多种，可改变单稳电路中积分常数中的 R 值，也可改变时基脉冲的频率。

4. 原理框图

数字式电容表参考电路原理框图如图 7.2.5 所示。

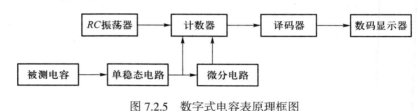

图 7.2.5　数字式电容表原理框图

5. 设计内容

① 设计电路后，用 Multisim 软件进行仿真；

② 制作电路板；

③ 焊接、调试；

④ 写设计实践总结报告，实践总结报告要求有电路图、原理说明、电路所需元件清单、电路参数计算、元件选择、确定测试电路方法、测试结果分析等。

7.2.6　单片机最小系统制作

扫一扫：
模拟电子技术设计的光电开关

单片机是一种集成电路芯片，是采用超大规模集成电路技术把具有数据处理能力的中央处理器 CPU、随机存储器 RAM、只读存储器 ROM、多种 I/O 口和中断系统、定时器/计时器等功能(可能还包括显示驱动电路、脉宽调制电路、模拟多路转换器、A/D 转换器等电路)集成到一块硅片上构成的一个小而完善的微型计算机系统。单片机广泛应用于仪器仪表、家用电器、医用设备、航空航天、专用设备的智能化管理及过程控制等领域。51 单片机是对所有兼容 Intel 8031 指令系统的单片机的统称，其代表型号是 ATMEL 公司的 AT89 系列，它广泛应用于工业测控系统之中。51 单片机是基础入门的一个单片机，也是应用最广泛的一种。

扫一扫：
数字电路设计的电子钟

1. 设计任务

应用 89C51 单片机设计并制作一个单片机最小系统。单片机最小系统，或者称为最小应用系统,是指用最少的元件组成单片机可以工作的系统。对 51 系列单片机来说,单片机＋晶振电路＋复位电路,便组成了一个最小系统。但是一般我们在设计中总是喜欢把按键输入、显示输出等加到上述电路中,成为最小系统。

2. 设计要求

(1) 具有上电复位和手动复位功能;

(2) 使用单片机片内程序存储器;

(3) 具有基本的人机交互接口即按键输入、LED 显示功能;

(4) 具有一定的可扩展性,单片机 I/O 口可方便地与其他电路板连接。

3. 设计要点

单片机最小系统的三要素是电源、晶振、复位电路,原理图如图 7.2.6 所示。

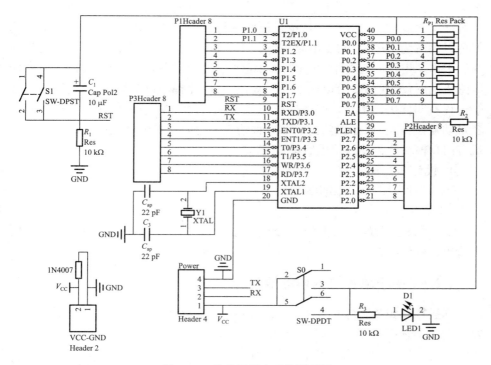

图 7.2.6　单片机最小系统原理图

(1) 电源电路:目前主流单片机的电源分为 5 V 和 3.3 V 这两个标准,根据所选用的单片机芯片 STC89C541,需要 5 V 的供电系统,可以使用 USB 口输出的 5 V 直流直接供电。从图 7.2.6 可以看到,供电电路在 40 脚和 20 脚的位置上,40 脚连接的是 +5 V,通常也称为 VCC 或 VDD,代表的是电源正极,20 脚连接的是 GND,代表的是电源的负极。电源正负极接反会烧毁单片机,在正极负极两端并联接入二极管 IN4007,当电源接反时,IN4007 被导通,电路被短路,从而达到保护单片机电路的作用。

（2）时钟电路:时钟电路的作用是为单片机系统提供基准时钟信号,单片机内部所有的工作都是以这个时钟信号为步调基准来进行工作的。时钟电路的主体是晶体振荡器,简称晶振。STC89C52 单片机的 18 脚和 19 脚是晶振引脚,这里接入一个 11.059 2 MHz 的晶振,外加两个 22pF 的电容,电容的作用是帮助晶振起振,并维持振荡信号的稳定。

（3）复位电路:复位电路接入单片机的 9 脚 RST（Reset）复位引脚上。单片机复位一般是 3 种情况:上电复位、手动复位、程序自动复位。假设单片机程序有 100 行,当某一次运行到第 50 行的时候,突然掉电,单片机内部有的区域数据会丢失掉,有的区域数据可能还没丢失。那么下次打开设备的时候,我们希望单片机能正常运行,所以上电后,单片机要进行一个内部的初始化过程,这个过程就可以理解为上电复位,上电复位保证单片机每次都从一个固定的相同的状态开始工作。当我们的程序运行时,如果遭受到意外干扰而导致程序死机,或者程序跑飞的时候,我们就可以按下一个复位按键,让程序重新初始化重新运行,这个过程就叫作手动复位。当程序死机或者跑飞的时候,我们的单片机往往有一套自动复位机制,比如看门狗。在这种情况下,如果程序长时间失去响应,单片机看门狗模块会自动复位重启单片机。

4. 设计内容

（1）设计电路后,制作印刷电路板;

（2）焊接、调试;

（3）写设计实践总结报告,实践总结报告要求有电路图、原理说明、电路所需清单、电路参数计算、元件选择、测试结果分析等。

7.2.7 基于单片机的摇摇棒设计

摇摇棒是如今流行的一种玩具,在各种聚会、节日中均见得到它的身影,如图 7.2.7 所示。摇摇棒实际上是一个循环的 LED 显示电路,利用人的视觉滞留产生静态显示的现象。

1. 设计任务

设计单片机硬件电路实现对 16 只高亮度 LED 发光二极管进行控制,配合手的左右摇晃呈现一幅完整的画面。

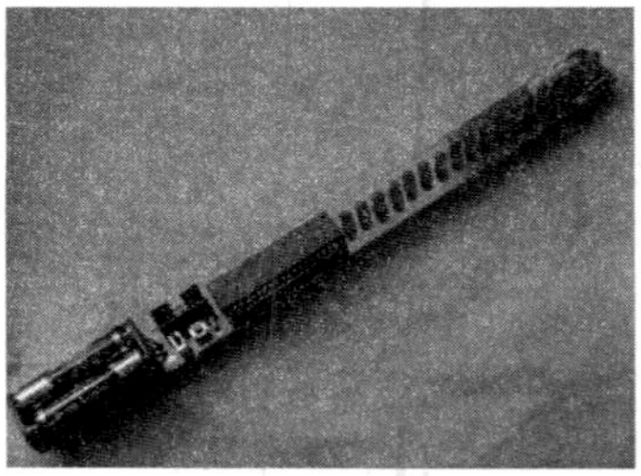

2. 设计要求

（1）完成摇摇棒的硬件设计;

（2）编程实现特定图像的显示。

扫一扫:
摇摇棒

图 7.2.7 摇摇棒

3. 设计原理

摇摇棒原理电路图如图 7.2.8 所示。本系统包括单片机控制模块、开关及电源模块和输出显示模块三个部分。采用单片机控制,由水银开关的闭合对单片机产生外部中断,从而对中断进行采集,中断到达一定数量进行图像的转换。

将水银开关的两个引脚一端接 VCC,一端接 GND,当摇摇棒向一边运动时 LED 按照程序编辑好的规律显示,向另一边运动时 LED 全灭,此时一个周期就会产生一个下跳沿的信号,信号传递给单片机的 INT0 产生中断,对中断的数量计数,当计到 10 时便转换显示的图案,当依次显示完后便回到初始状态进行循环。

由于人的视觉滞留时间长达 0.1 s,所以在每显示完一列 LED 后加入一段合适的延时,如 5 ms,每个字之间加入延时如 15 ms,这样,我们就能看到静态的稳定的字,并且每个字之间是有空隙的。为了让字能够在空间的中部显示,在启动

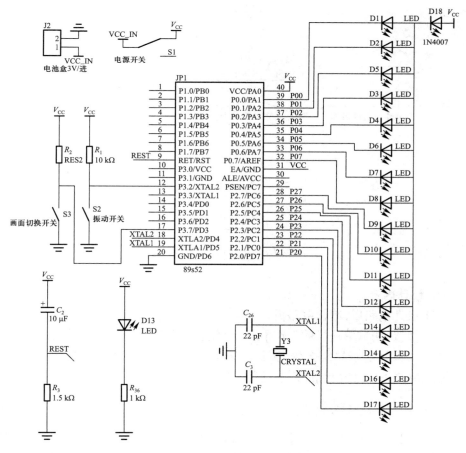

图 7.2.8　摇摇棒原理电路图

中断显示后延时一段合适的时间,使棒在半圆轨迹的大约1/4处开始显示,这样看到的图像在方向上才比较正。

单片机控制程序由 Keil C 进行编写,实现起来简单,主要有三部分,主程序、中断服务部分以及字符点阵。程序原理框图如图 7.2.9 所示。

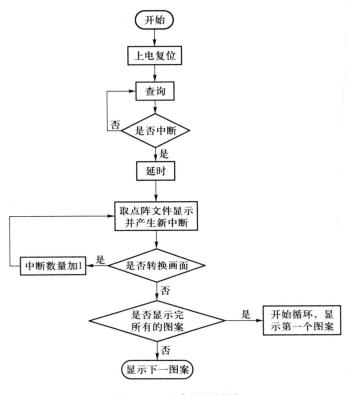

图 7.2.9　程序原理框图

4. 设计内容

(1) 设计电路后,制作电路板;

(2) 焊接、测试单片机的工作情况,能否正常用 LED 显示出各图案;

(3) 写设计实践总结报告,实践总结报告要求有电路图、原理说明、电路所需清单、电路参数计算、元件选择、测试结果分析等。

扫一扫:
寻迹小车

7.2.8　智能移动机器人平台设计与制作

移动机器人平台在许多领域都得到了运用,其结构如图 7.2.10 所示,实物如图 7.2.11 所示。平台以双电机轮式小车为底层移动平台,单片机为控制核心,

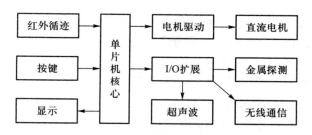

图 7.2.10 智能机器人结构框图

通过红外探测模块实现对行车路线的感知,电机驱动模块实现对直流电机的驱动控制,从而完成自动行驶的功能,同时可以根据实际需要进行多模块扩展。使用金属探测模块完成对金属物体的探测,拓展超声波模块实现避障、测距功能,利用测温模块感知环境温度,采用无线传输模块实现数据的传输及无线遥控等。以基本移动机器人为平台,针对性的训练学生的专业知识,激发学生的学习与实践兴趣,为学生创新能力的培养提供环境。

1. 设计任务

设计基于单片机控制的智能移动机器人,以红外探测模块感知行车路线,完成在白色路面上沿着黑色跑道自动行驶的功能。

2. 设计要求

(1) 完成智能移动机器人各模块的硬件设计;

(2) 编程实现探测及循迹功能。

3. 设计原理

(1) 电源模块

电源模块的原理图可以采用图 7.2.12 所示电路图。7805 的 5 V 输出给单片机以及各个功能模块供电,在实际应用过程中可能需要多块 7805,但是我们要注意的是:各个 7805 之间的输出绝对不能够并联。7806 的 6 V 输出给电机供电作为动力电源。7805 与 7806 要共地。

图 7.2.11 智能移动机器人实物图

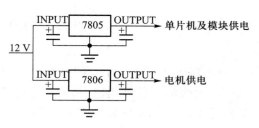

图 7.2.12 电源电路参考电路图一

电源模块也可采用 LM2596 作为核心元件,如图 7.2.13 所示。LM2596 系列是德州仪器生产的 3 A 电流输出降压开关型集成稳压芯片,它内含固定频率振荡器和基准稳压器,并具有完善的保护电路、电流限制、热关断电路等。利用该器件只需极少的外围器件便可构成高效稳压电路。固定输出版本有 3.3 V、5 V、12 V,可调版本可以输出小于 37 V 的各种电压。该器件内部集成频率补偿和固定频率发生器,开关频率为 150 kHz,与低频开关调节器相比较,可以使用更小规格的滤波元件。由于该器件只需 4 个外接元件,可以使用通用的标准电感,这更优化了 LM2596 的使用,极大地简化了开关电源电路的设计。

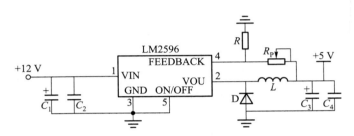

图 7.2.13　电源电路参考电路图二

(2) 电机驱动模块

电机驱动电路可采用 L298 模块。L298 内部的原理图如图 7.2.14 所示。L298 的功能见表 7.2.2。

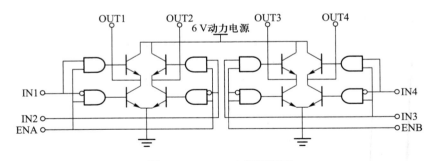

图 7.2.14　L298 内部原理图

OUT1 与 OUT2 与小车的一个电机的正负极相连,OUT3 与 OUT4 与小车的另一个电机的正负极相连,单片机通过控制 IN1 与 IN2,IN3 与 IN4 分别控制电机的正反转。ENA 与 ENB 分别控制两个电机的使能。

表 7.2.2　L298 控制表

IN1	IN2	ENA	电机状态
×	×	0	停止
1	0	1	顺时针
0	1	1	逆时针
0	0	1	停止
1	1	1	停止

注:X 表示状态不定

利用 L298 芯片构成的电机驱动电路原理图如图 7.2.15 所示。

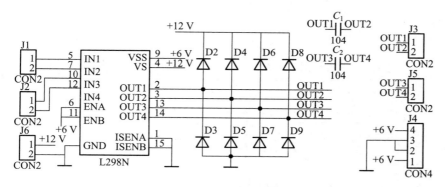

图 7.2.15　电机驱动电路原理图

L298 有两路电源分别为逻辑电源和动力电源,上图中 6 V 为逻辑电源,12 V 为动力电源。J4 接入逻辑电源,J6 接入动力电源,J1 与 J2 分别为单片机控制两个电机的输入端,J3 与 J5 分别与两个电极的正负极相连。ENA 与 ENB 直接接入 6 V 逻辑电源也就是说两个电机时刻都工作在使能状态,控制电机的运行状态只有通过 J1 与 J2 两个接口。由于我们使用的电机是线圈式的,在从运行状态突然转换到停止状态和从顺时针状态突然转换到逆时针状态时会形成很大的反向电流,在电路中加入二极管的作用就是在产生反向电流的时候进行泄流,保护芯片的安全。

电机驱动电路 PCB 安装图如图 7.2.16 所示,仅供参考。

(3) 红外循迹模块

在智能机器人小车的设计中,使用的是一体反射式红外对管,所谓一体就是发射管和接收管固定在一起,反射式的工作原理就是接收管接收到的信号是发射管发出的红外光经过反射物的反射后得到的,所以使用红外对管进行循迹时必须是白色地板加黑色引导条。图 7.2.17 为红外循迹电路的原理图。

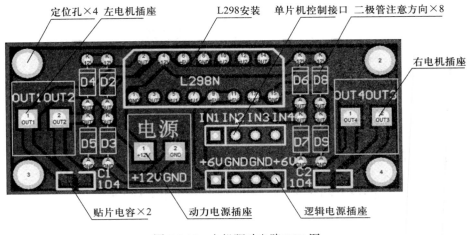

图 7.2.16 电机驱动电路 PCB 图

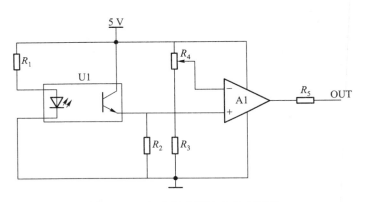

图 7.2.17 红外循迹模块参考电路图

电路由一组红外对管、电位器、运算放大器和电阻组成的,R_1 起到限流的作用,用来控制反光管发出红外信号的强弱。接收管实际上是一个光敏三极管基极的光电流经过放大后流经电阻 R_2 产生电压与电位器调节后得到的电压进行比较。A1 与电阻组成一个比较器。在有红外信号返回时 OUT 端输出高电平,反之输出低电平。实际循迹电路使用多路检测。

(4) 简易控制模块

对于复杂路径,移动平台可采用单片机作为核心控制单元。通过左右电机的差速控制实现循迹功能。简单的路径测试可以采用简易控制模块,电路原理如图 7.2.18 所示。

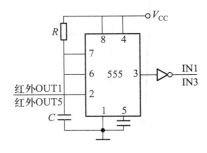

图 7.2.18 红外循迹模块参考电路图

194

该电路利用单稳态触发电路实现小车的控制,设定电机驱动模块的 IN2=IN4=0;红外模块输出 OUT1(OUT5)在未探测到轨迹时输出高电平,控制电路输出高电平 IN1(IN3)=1,小车前行;当有红外对管探测到轨迹时,即 OUT1(OUT5)输出低电平触发信号,控制电路使得 IN1(IN3)=0,小车左(右)转,由于是暂稳态,所转角度有限避免超调,从而实现小车的基本循迹功能。

(5) 金属探测模块

本金属探测模块的原理图如图 7.2.19 所示,反相器 U1 与外围的电感和电容构成了一个电容三点式振荡器,振荡频率主要由电感 L,电容器 C_1、C_2、C_5 决定。调节电位器 R_4 可使电路处在刚刚起振状态下。微小的振荡信号通过由 U2 和 R_1 组成的放大电路进行放大。再经二极管 D1 整流,电容器 C_4 滤波,最后经过反相器 U3 输出信号。

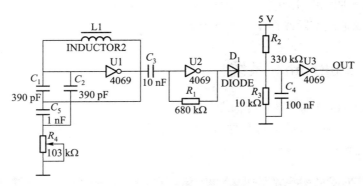

图 7.2.19　金属探测模块参考电路图

在金属探测器的探头电感 L 没有接近金属物体时,电路正常起振,振荡信号通过反相器 U2 放大及整流滤波,在反相器 U3 的输入端为高电平,使 U3 的输出端为低电平。当有金属物体接近时,电感 L 的 Q 值下降,使电路停振。由于反相器 U3 的输入端为低电平,所以 U3 的输出端为高电平。

4. 设计内容

(1) 设计电路后,制作电路板;

(2) 焊接、测试各模块是否正常工作,将测试好的各模块组装到车体调试,确保智能小车能在给定跑道上实现探测、循迹等功能;

(3) 写设计实践总结报告,实践总结报告要求有电路图、原理说明、电路所需清单、电路参数计算、元件选择、测试结果分析等。

附录一
Multisim 9 软件的使用简介

一、概述

Multisim 是加拿大图像交互技术公司（IIT 公司，Interactive Image Technoligics）推出的电子电路仿真工具，适用于板级的模拟 / 数字电路板的设计工作。它包含了电路原理图的图形输入、电路硬件描述语言输入方式，具有丰富的仿真分析能力。建议通过实际操作学习如下内容。

二、Multisim 9 系统

1. Multisim 9 的主窗口界面

安装 Multisim 9 后运行程序，出现其主界面，如图 F1.1 所示。Multisim9 的

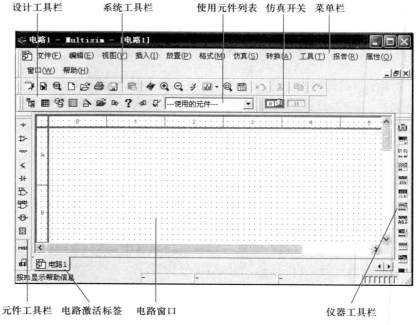

图 F1.1　主窗口界面

界面与 Windows 应用程序一样，可以在主菜单中找到各个功能的命令。通过对各部分的操作可以实现电路图的输入、编辑，并根据需要对电路进行相应的观测和分析。用户可以通过菜单或工具栏改变主窗口的视图内容。

2. Multisim 9 的菜单栏

Multisim 9 的菜单栏选项如图 F1.2 所示。

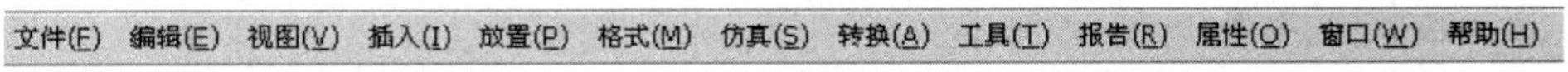

文件(F)
编辑(E)
视图(V)
插入(I)
放置(P)
格式(M)
仿真(S)
转换(A)
工具(T)
报告(R)
属性(O)
窗口(W)
帮助(H)

图 F1.2　菜单栏

3. Multisim 9 的设计工具栏

设计工具栏是 Multisim 的核心部分，提供给用户运行程序所需要的各种复杂功能。同时它将指导用户按部就班地进行电路的建立、仿真、分析并最终输出设计数据。虽然菜单中各个命令也可以执行设计功能，但使用设计工具栏进行电路设计更加方便快捷。设计工具栏包含选项如图 F1.3 所示。

---使用的元件---
①
②
③
④
⑤
⑥
⑦
⑧
⑨
⑩
⑪
⑫

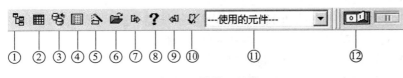

图 F1.3　设计工具栏

(1) 层次项目按钮，用于显示或者隐藏层次项目栏。

(2) 层次电子数据表按钮，用于开关当前电路的电子数据表。

(3) 数据库按钮，可开启数据库管理对话框，对元件进行编辑。

(4) 显示实验电路板按钮。

(5) 元件编辑按钮，用于调整或增加、创建新元件。

(6) 打开设计范例按钮。

(7) 正向注释按钮。

(8) 帮助按钮。

(9) 反向注释按钮。

(10) 电气规则检查按钮。

(11) 当前使用的所有元件列表。

(12) 仿真开关，是运行仿真的快捷键。

4. Multisim 9 的元件工具栏

Multisim 9 为用户提供的元件栏包含如图 F1.4 所示的元件库。

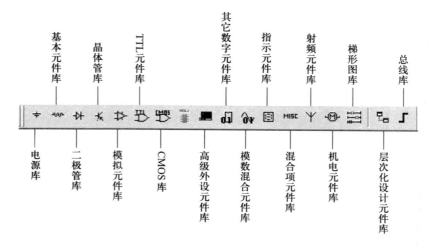

图 F1.4 元件栏菜单

（1）电源库：包括独立电源、受控电源、信号源等。

（2）模拟元件库：包括集成运算放大器、集成比较器等。

（3）基本元件库：包括电阻、电容、电感、变压器等。

（4）晶体管库：包括三极管、场效应管、达林顿管等。

（5）二极管库：包括普通、特殊二极管、整流桥、可控硅等。

（6）TTL 元件库：包括 74LS 等系列 TTL 集成电路。

（7）CMOS 元件库：包括 74HC 系列、40 系列等 CMOS 集成电路。

（8）机电元件库：包括继电器、接触器、交直流电动机等。

（9）指示器元件库：包括指示灯、数码管、蜂鸣器等。

（10）混合项元件库：包括晶体振荡器、光电耦合器、三端稳压器等。

（11）其他数字元件库：包括 DSP、FPGA、PLD、微处理器等。

（12）模数混合元件库：包括定时器 555，模拟开关、A/D、D/A 等。

（13）RF 射频元件库：包括射频电容、电感及射频晶体管等。

（14）高级外设元件库：包括键盘、LCD 显示屏、交通灯等。

5. Multisim 9 的仪表工具栏

Multisim 9 的虚拟仪器仪表工具栏包含图 F1.5 所示项目。

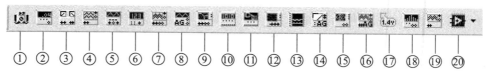

图 F1.5 虚拟仪器仪表工具栏

（1）万用表：用来测量电阻、交流（AC）直流（DC）电压及电流。测量电压时并联在电路中，测量电流时须串联在回路中。双击图标便可以打开万用表操作面板，可以输入设置并读取测量值。

（2）失真度分析仪：双击图标打开，输入设置值，运行仿真后查看测量值。该设备能够提供频率在 20~100 Hz 范围内的信号失真度测量，包括音频信号。

（3）功率计：用于测量功率。功率计还会显示测量电路里的电压差和流过电流的乘积因子，因子值为该电压和电流积的相位余弦值。

（4）双通道示波器：能够显示电子信号波形及幅值和频率，可提供两个信号的测量通道。

（5）函数信号发生器：提供正弦、三角和方波电压信号，波形的幅值和频率均可以控制。它由三个端与电路连接，公共端为信号提供了一个参考电平。

（6）频率计：用于测量周期性信号的频率。

（7）四通道示波器：能够显示电子信号波形及幅值和频率，可提供四个信号的测量通道。

（8）安捷伦函数发生器：能够构建任意波形的 15 MHz 合成信号发生器。

（9）波特图示仪：能够产生一个电路频率响应的图形，对分析滤波电路非常有用，它常用来测量信号的电压增益和相位变换。

（10）字发生器：发送数字或比特模式输出信号，进而给数字电路提供一个激励。

（11）逻辑转换仪：能够执行一个电路表达式或者数字信号的多种变换形式，是数字电路分析的一种有用的工具。它能够促使电路生成真值表或者电路符号的布尔表达式，也可由电路的真值表或布尔表达式生成电路。

（12）IV 特性分析仪：主要用于测量二极管、三极管和 MOS 管的特性。应注意的是测量时要断开电路进行单独测量。

（13）逻辑分析仪：能够展示一条电路中 16 路数字信号。它常用于逻辑状态的快速数据确认，便于进行大型系统的先进的定时分析和错误锁定。

（14）安捷伦万用表：是一个 6 位半显示的高性能数字万用表。

（15）网络分析仪：可直接测量有源或无源、可逆或不可逆的双口和单口网络的复数散射参数，并以扫频方式给出各散射参数的幅度、相位频率特性。

（16）安捷伦示波器：是一个 2 通道 +16 逻辑通道、100 MHz 宽带的示波器。

（17）实时测量探针：使用实时测量探针是一种快速并容易地测量不同节点和针脚电压和频率值的方法。仿真电路中，探针指向任意一点，便能读值。

（18）频谱分析仪：常用于测量幅度与频率间的关系，它在频域中实现类似于时域中的示波器所实现的功能。它通过扫描某个频率范围进行操作。该仪表可以测量各个频率的信号功率，并帮助确定频率元件的信号存在与否。

(19) 泰克示波器:是一个 4 通道、200 MHz 的示波器。

(20) LabVIEW 虚拟仪器:用户可以在 LabVIEW8 中生成完全自定义的虚拟仪器,供用户使用。

三、Multisim 9 基本操作的仿真实例

基极分压式共射电压放大电路如图 F1.6 所示。

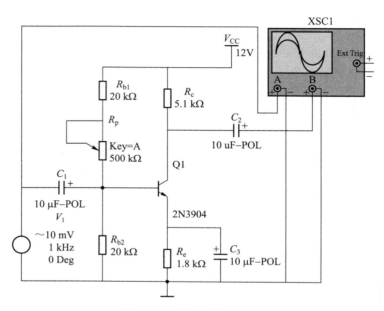

图 F1.6 单管共射放大电路

1. 编辑原理图

包括建立电路文件、设计电路界面、放置元件、连接线路、编辑处理以及保存文件等步骤。

(1) 建立电路文件

启动 Multisim 9 系统,则在基本界面上会自动打开一个空白的电路文件,系统自动命名为 Circuit1,可以在保存其电路文件时重新命名。

(2) 设置电路界面

仿真电路界面好比实际电路试验的工作台面,需要进行以下相应设置。

① 选取菜单栏→属性→零件→符号标准→ DIN 项,如图 F1.7 所示。

Multisim 为我们提供了两套电气元件符号标准,其中 ANSI 是美国标准,DIN 是欧洲标准。DIN 与我国现行标准非常接近,所以选择 DIN。

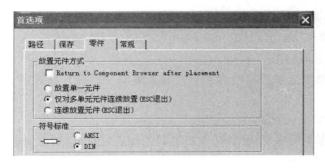

图 F1.7　属性窗口

② 选取菜单栏→属性→图纸属性→工作区→设置相应参数,如图 F1.8 所示。

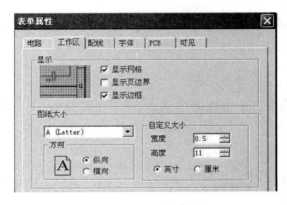

图 F1.8　图纸属性窗口

使用网格可方便电路元件之间的连接,使创建出的电路图整齐美观。

(3) 在电路窗口放置元件

Multisim 已将若干元件模型分门别类地放置在元件工具栏的元件库中,这些元件模型是进行电路仿真设计的基础。

① 放置元件

单击元件工具栏中的基本元件库,选择现实电阻箱按钮,里面存放现实存在的电阻元件,其电阻值符合实际标准,这些元件在市面上可以买到。同时我们也可以到虚拟元件工具栏中选择虚拟电阻,双击可任意调整该阻值,其默认值是 $1\,k\Omega$。为了和实际电路接近,应尽量选用符合现实标准的电路元件。

选取相应电阻、电容等,单击即放置到合适位置后,元件方向可在选中后打开编辑菜单,选择相应的翻转方向。

选取电位器后,双击选择参数选项。如 Key=A 阻值按 1% 增加或减少(按 A 键电位器阻值 1% 增加,按 Shift+A 电位器阻值 1% 减少)。

② 放置直流电源

在电源库中选取直流电源或 V_{CC},双击电源图标进行参数设置,同时放置接地端。

③ 放置交流信号源

在电源库中选取交流电源,双击电源图标进行参数(幅值、频率等)设置。

④ 放置晶体管

打开晶体管库,选取 NPN 型晶体三极管相应型号(如 2N3904),将其放置在电路窗口当中合适位置。

⑤ 放置文字说明

菜单→放置→文本,就可以放置相应的文字说明。

(4) 连接线路

将光标指向所要连接的元件引脚上,单击并移动鼠标,即可拉出一条虚线,如要从某点转弯,则先点鼠标,固定该点,然后移动鼠标,到达终点后单击,即可完成连接。

(5) 对电路进一步编辑处理

为了使电路窗口中电路图更整洁、便于仿真分析,可以对电路图做编辑处理。

① 修改元件的参考序号

元件的参考序号是在元件选取时由系统自动生成的,但和我们的习惯表示不同,如本例中的 R_3 习惯叫 R_C,可以通过双击该元件符号,在其属性对话框中修改其参考序号。

② 调整元件和文字标注的位置

如对元件放置位置不满意,可以调整其位置。选中这些元件,单个元件只要将光标指针指向所要调整位置的元件,然后单击即可,若要同时选中多个元件时,可按住鼠标左键,拖出一个虚线框,框住所要移动的元件,松开鼠标即可。

③ 显示电路的节点号

电路元件连接后,系统会自动给出各个节点的序号。但有时这些节点号并未出现在电路图上,这时可启动菜单栏中属性→图纸属性→电路,进行如图 F1.9 所示的设置。

④ 修改连线颜色

选中某连线,单击鼠标右键即可进行相应连线颜色修改。

⑤ 删除元件或连线

可以通过菜单栏中编辑按钮删除,也可选中该元件或连线按键盘 Delete 键

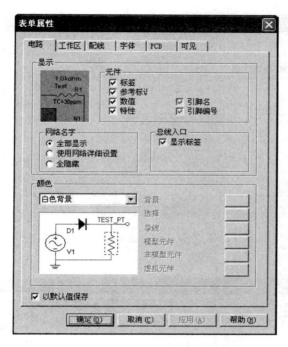

图 F1.9　节点号显示对话框

删除。另外,当删除一个元件时,与该元件连接的连线也将一并消失,但删除连线不会影响到元件。

⑥ 保存文件

编辑电路图之后可以将其换名保存,方法和保存一般文件相同。

2. 仿真分析

编辑电路原理图之后,从仪表工具栏中调出一台两通道示波器,方法和调用元件相同。将示波器 A 通道接入信号源,将 B 通道接到输出端,电路参见图 F1.6 所示。

(1) 直流工作点分析

通过直流工作点分析方法测量出晶体管的基极电压 U_{BQ}、集电极电压 U_{CQ}、发射极电压 U_{EQ}。方法如下:在菜单栏中选取仿真→分析→直流工作点分析后,出现如图 F1.10 所示的各个电压节点,添加节点 1、3、4 进行分析,点击仿真按钮,观察仿真结果。

测量静态工作点也可以通过仪表工具栏接入万用表点击仿真按钮,双击万用表图标进行显示。

在分析选项里有很多种分析方法,如图 F1.11 所示,在这里不作一一介绍。

(2) 交流分析

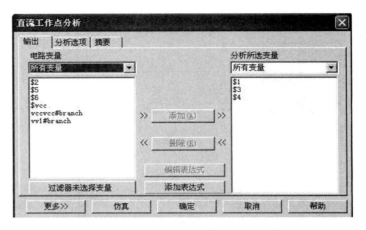

图 F1.10 直流工作点设置窗口

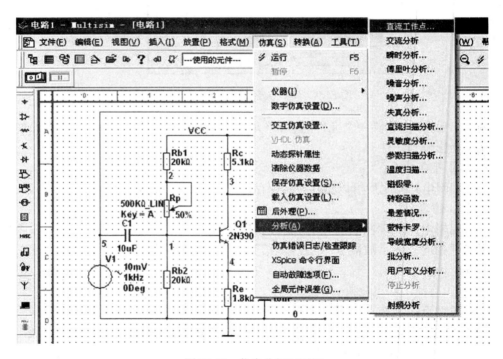

图 F1.11 仿真分析对话框

打开仿真按钮,双击示波器图标进行如下分析。

① 放大状态波形分析与观测如图 F1.12 所示,可得出输入信号峰峰值为 28.2 mV,输出信号峰峰值为 661.8 mV。

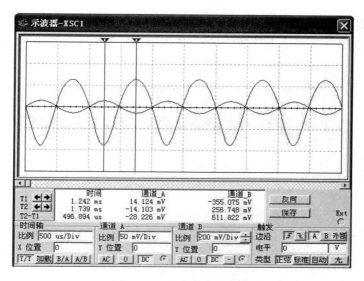

图 F1.12　放大状态波形图

② 饱和失真波形观测

按键盘上 Shift+A 键减小电位器的阻值,进行饱和失真波形观测如图 F1.13 所示。由图可看出饱和失真波形出现削底。

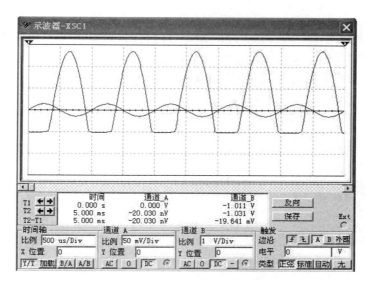

图 F1.13　饱和失真波形

③ 截止失真波形观测

按键盘上 A 键增大电位器的阻值,进行截止失真波形观测如图 F1.14 所示。需要说明的是为了便于观测,在此把信号源电压调到 30 mV。由图可以看出截止失真波形出现缩顶。

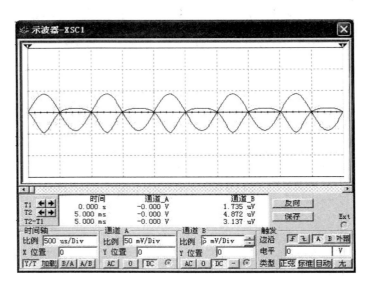

图 F1.14　截至失真波形

从以上这个例子的仿真设计过程中可以看出,在 Multisim 9 的环境下进行电路的仿真实验,不仅与在现实环境下做的实验设计有许多相同的地方,并且更加方便快捷,其仿真结果对实际电路设计将是一个很好的参考。

附录二
Quartus II软件及其使用

Quartus II是 Altera 公司推出的新一代 PLD 开发软件,适合于大规模逻辑电路设计。Quartus II软件的设计流程概括为设计输入、设计编译、设计仿真和设计下载等过程。Quartus II支持多种编辑输入法,包括图形编辑输入法,VHDL、Verilog HDL 等文本编辑输入法,符号编辑输入法。

Quartus II与 MATLAB 等结合可以进行基于 FPGA 的 DSP 系统开发,是 DSP 硬件系统实现的关键 EDA 工具,与 SOPC Builder 结合,可实现 SOPC 系统开发。

在 Quartus II平台上,可以使用图形编辑输入法或文本编辑输入法设计电路,其操作流程包括编辑、编译、仿真和编程下载等基本过程。下面分别予以介绍。

一、Quartus II 的图形编辑输入法

用 Quartus II图形编辑方式生成的图形文件的扩展名为 .gdf 或 .bdf。为了方便电路设计,设计者首先应当在计算机中建立自己的工程目录。

1. 编辑设计文件

打开 QuartusII 集成环境后,呈现如图 F2.1 所示的主窗口界面。

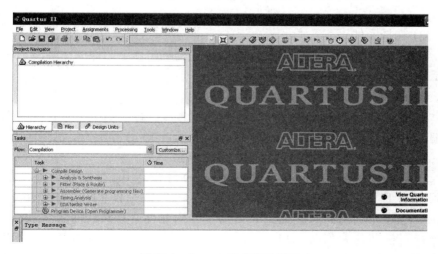

图 F2.1　Quartus II 主窗口界面

(1) 建立设计项目（Project）

执行 File|New Project Wizard 命令，弹出如图 F2.2 所示的建立新设计项目的对话框，命名后点击 finish 结束。

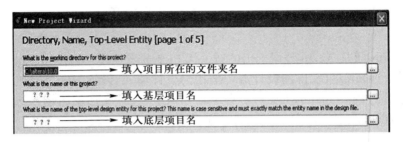

图 F2.2　建立新的项目对话框

(2) 进入图形编辑方式

执行 File|New 命令，弹出如图 F2.3 所示的编辑文件类型对话框，选择 "Block Diagram/Schematic File"（模块/原理图文件）方式。

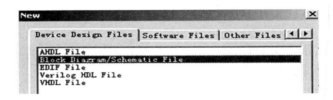

图 F2.3　编辑文件类型对话框

(3) 选择元件

在原理图编辑窗中的空白处双击鼠标左键跳出一个元件选择窗，如图 F2.4 所示。

(4) 编辑图形文件

到相应库中调出所需元器件，调整位置，连线，输入、输出端命名，保存原理图编辑文件，如图 F2.5 所示。

2. 编译设计文件

在编译设计文件前，应先选择下载的目标芯片，否则系统将以默认的目标芯片为基础完成设计文件的编译。在 Quartus Ⅱ 集成环境下，执行 Assignments|Device 命令，在如图 F2.6 所示弹出器件选择对话框的 Family 栏目中选择目标芯片系列名，如 FLEX10K（应为实验箱中 PLD 芯片型号），然后在 Available devices 栏目中用鼠标点黑选择的目标芯片型号，如 EPF10KLC84-4，选

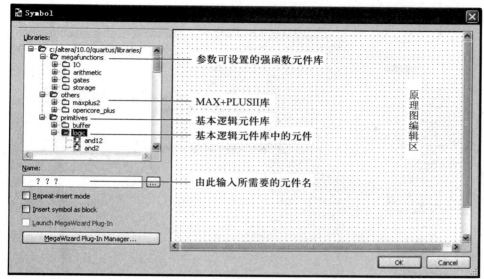

参数可设置的强函数元件库

MAX+PLUSII库

基本逻辑元件库
基本逻辑元件库中的元件

由此输入所需要的元件名

原理图编辑区

图 F2.4　元件选择对话框

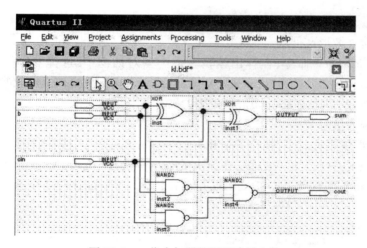

图 F2.5　一位全加器的图形编辑文件

择结束单击 OK 按键。

　　执行 Processing|Start Compilation 命令,或者按"开始编译"按键,即可进行编译,编译过程中的相关信息将在"消息窗口"中出现。

　　3. 仿真设计文件

　　仿真一般需要经过建立波形文件、输入信号节点、设置波形参量、编辑输入

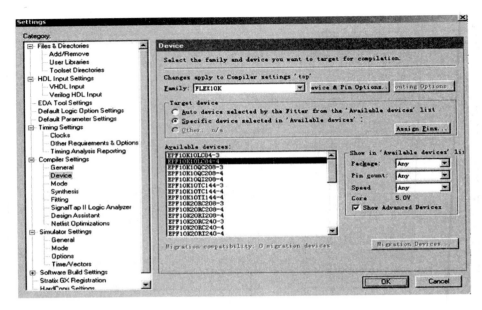

图 F2.6　目标芯片选择对话框

信号、波形文件存盘、运行仿真器和分析仿真波形等过程。

（1）建立波形文件

执行 File|New 命令，在弹出编辑文件类型对话框中，选择 Other Files 中的 Vector Waveform File 方式后单击 OK 按键，或者直接按主窗口上的"创建新的波形文件"按钮，进入 Quartus II 波形编辑方式。

（2）输入信号节点

在波形编辑方式下，执行 Edit|Insert Node or Bus 命令，或在波形文件编辑窗口的 Name 栏中点击鼠标右键，在弹出的菜单中选择"Insert Node or Bus"命令，即可弹出插入节点或总线（Insert Node or Bus）对话框，如图 F2.7 所示。

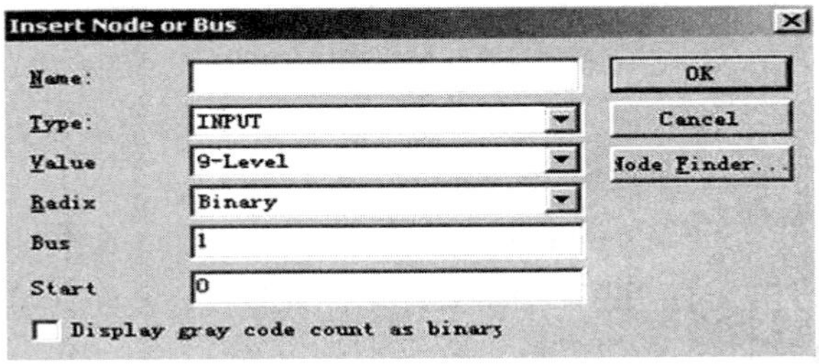

图 F2.7　插入信号节点对话框

或者点击图 F2.7 中 Node Finder，选择自动添加节点，如图 F2.8 所示。

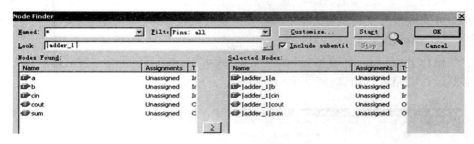

图 F2.8　节点发现者对话框

（3）设置波形参量

Quartus Ⅱ默认的仿真时间域是 100 ns，如果需要更长时间观察仿真结果，可执行 Edit|End Time…选项，在弹出的 End Time 选择窗中，选择适当的仿真时间域，如图 F2.9 所示。

图 F2.9　设置仿真时间域对话框

（4）编辑输入信号

为输入信号 a、b 和 cin 编辑测试电平，如图 F2.10 中选择的是周期性脉冲信号，通常周期按照 2 的幂指数递增或递减，如 10、20、40…。

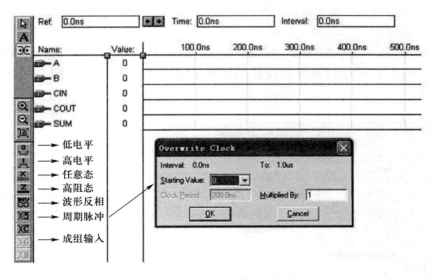

图 F2.10　设置仿真输入波形

(5) 波形文件存盘

执行"File"选项的"Save"命令,在弹出的"Save as"对话框中直接按"OK"键即可完成波形文件的存盘,文件名与扩展名默认即可,不可随意更改。

(6) 运行仿真器

执行 Processing|Start Simulation 命令,或单击 Start Simulation 按键,即可对全加器设计电路进行仿真,如图 F2.11 所示。

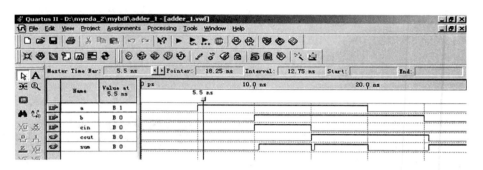

图 F2.11　全加器的仿真波形

4. 编程下载设计文件

编程下载设计文件包括引脚锁定和编程下载两个部分。

(1) 引脚锁定

在目标芯片引脚锁定前,需要确定使用的 EDA 硬件开发平台及相应的工作模式。然后确定了设计电路的输入和输出端与目标芯片引脚的连接关系,再进行引脚锁定。

① 执行 Assignments|Assignments Editor 命令或直接单击 Assignments Editor 按钮,弹出如图 F2.12 所示的赋值编辑对话框,在对话框的 Category 栏目选择 Pin 项。

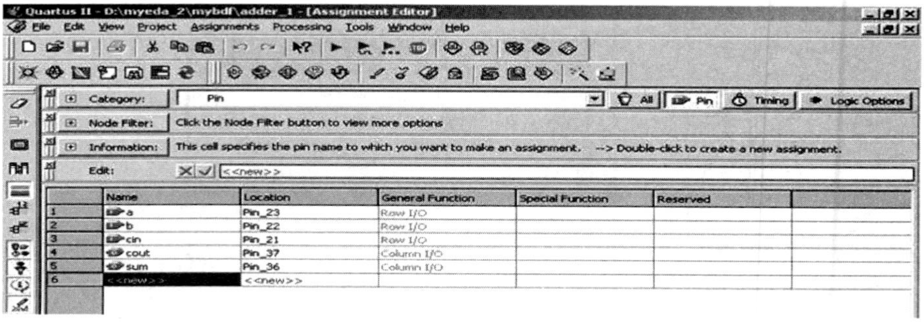

图 F2.12　赋值编辑对话框

② 用鼠标双击 Name 栏目下的 <<new>>,在其下拉菜单中列出了设计电路的全部输入和输出端口名,例如全加器的 a、b、cin、cout 和 sum 端口等。用鼠标选择其中的一个端口后,再用鼠标双击 Location 栏目下的 <<new>>,在其下拉菜单中列出了目标芯片全部可使用的 I/O 端口,然后用鼠标选择其中的一个 I/O 端口。例如,全加器的 a、b、cin、cout 和 sum 端口,分别选择 Pin_23 、Pin_22、Pin_21 、Pin_37 和 Pin_36。赋值编辑操作结束后,存盘并关闭此窗口,完成引脚锁定。

③ 锁定引脚后还需要对设计文件重新编译,产生设计电路的下载文件(.sof)。

(2) 编程下载设计文件

在编程下载设计文件之前,需要将硬件测试系统(实验室现有的,如 GW48 实验系统),通过计算机的并行打印机接口与计算机连接好,打开电源。

首先设定编程方式。执行 Tools|Programmer 命令或者直接单击 Programmer 按钮,弹出如图 F2.13 所示的设置编程方式窗口。

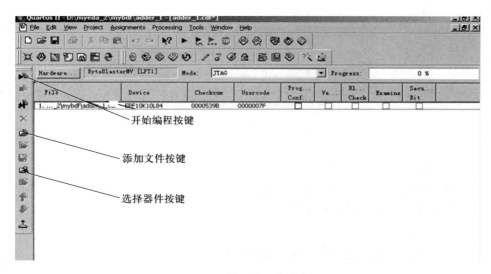

图 F2.13　设置编程方式窗口

(3) 选择下载文件

用鼠标点击下载方式窗口左边的 Add File(添加文件)按键,在弹出的 Select Programming File(选择编程文件)的对话框中,选择目前工程目录下后缀为 .sof 的下载文件。

(4) 设置硬件

设置编程方式窗口中,点击 Hardwaresettings(硬件设置)按钮,在弹出的如图 F2.14 所示的 Hardware Setup（硬件设置）对话框中点击 Add Hardware 按键,在弹出的如图 F2.15 所示 Add Hardware 的添加硬件对话框中选择 ByteBlasterMV 编程方式后单击 OK 按钮。

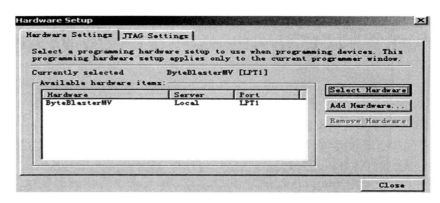

图 F2.14　硬件设置对话框

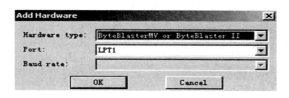

图 F2.15　添加硬件对话框

(5) 编程下载

执行 Processing|Stare Programming 命令或者直接按 Start Programming 按钮,即可实现设计电路到目标芯片的编程下载。

二、Quartus II的文本编辑输入法

Quartus II的文本编辑输入法与图形输入法的设计步骤基本相同。在设计电路时,首先要建立设计项目,然后在 Quartus II集成环境下,执行 File|New 命令,在弹出的编辑文件类型对话框中,选择 VHDL File 或 Verilog HDL File,或者直接单击主窗口上的“创建新的文本文件”按钮,进入 Quartus II文本编辑方式,编辑设计文件。

首先建立工作库,以便设计工程项目的存储。任何一项设计都是一项工程(Project),都必须首先为此工程建立一个放置与此工程相关的所有文件的文件

夹,此文件夹将被 EDA 软件默认为工作库(Work Library)。

在建立了文件夹后就可以将设计文件通过 Quartus Ⅱ的文本编辑器编辑并存盘,步骤如下:

(1) 新建一个文件夹。利用资源管理器,新建一个文件夹,如:e:\SIN GNT。

(2) 输入源程序。打开 Quartus Ⅱ,执行 File|New,在 New 窗口中的 Device Design Files 中选择编译文件的语言类型,这里选 VHDL Files。然后在 VHDL 文本编译窗中键入 VHDL 程序。

(3) 文件存盘。执行 File|Save As,找到已设立的文件夹 e:\SIN_GNT,存盘文件名应该与实体名一致,即 singt.vhd。

在文本编辑窗口中,完成 VHDL 或 Verilog HDL 设计文件的编辑,然后再对设计文件进行编译、仿真和下载操作。

参考文献

［1］阎石．数字电子技术基础．5 版．北京：高等教育出版社．2010.

［2］房国志．模拟电子技术基础．北京：国防工业出版社．2009.

［3］康华光．电子技术基础：数字部分．5 版．北京：高等教育出版社．2009.

［4］杨素行．模拟电子技术基础简明教程．3 版．北京：高等教育出版社．2006.

［5］童诗白，华成英．模拟电子技术．4 版．北京：高等教育出版社．2006

［6］侯建军．电子技术基础实验、综合设计实验与课程设计．北京：高等教育出版社．2007.

［7］王立欣，杨春玲．电子技术实验与课程设计．哈尔滨工业大学出版社．2005.

［8］李震梅，房永钢．电子技术实验与课程设计．北京：机械工业出版社．2011.

［9］胡仁杰．电工电子创新实验．北京：高等教育出版社．2010.

［10］郝国法，梁柏华．电子技术实验．北京：冶金工业出版社．2009.

［11］刘舜奎，林小榕，李惠钦．电子技术实验教程．厦门：厦门大学出版社．2010.

［12］阮秉涛．电子技术基础实验教程．2 版．北京：高等教育出版社．2011.

［13］陈大钦，罗杰．电子技术基础实验．3 版．北京：高等教育出版社．2009.

［14］高吉祥．电子技术基础实验与课程设计．2 版．北京：电子工业出版社．2005.

［15］郭永贞．模拟电子技术实验与课程设计指导．南京：东南大学出版社．2007.

［16］许小军．数字电子技术实验与课程设计指导．南京：东南大学出版社．2007.

［17］邓元庆．电子技术实验．南京：机械工业出版社．2007.

［18］谭会生，张昌凡．EDA 技术及应用 –Verilog HDL 版．3 版．西安：西安电子科技大学出版社．2011.

［19］陈新华．EDA 技术与应用．北京：机械工业出版社．2008.

［20］冼进，戴仙金．Verilog HDL 数字控制系统设计实例．北京：中国水利水电出版社．2007.